水电厂安全教育培训

U0457406

新员工分册

李华 靳永卫 夏书生 编

中国电力出版社
CHINA ELECTRIC POWER PRESS

内 容 提 要

《水电厂安全教育培训教材》针对水电厂各类人员量身定做，内容紧密结合现场安全工作实际，突出岗位特色，明确各岗位安全职责，将安全教育与日常工作结合在一起，巧妙地将安全常识、安全规定、安全工作、事故案例结合起来。员工通过本教材的学习，能达到增强安全意识，提高安全技能的目的。本册是《新员工分册》，主要内容包括新员工安全基础教育和新员工三级安全教育两章，其中新员工安全基础教育包括安全基本知识、安全基础技能；新员工三级安全教育包括厂级安全教育、部门安全教育、班组安全教育；目有典型事故案例分析等内容。

本套教材是水电厂消除基层安全工作中的薄弱环节，开展安全教育培训的首选教材，也可供水电厂各级安全监督人员及相关人员学习参考。

图书在版编目（CIP）数据

水电厂安全教育培训教材. 新员工分册 / 李华，靳永卫，夏书生编. —北京：中国电力出版社，2017.1（2022.4重印）

ISBN 978-7-5198-0030-7

Ⅰ. ①水⋯ Ⅱ. ①李⋯ ②靳⋯ ③夏⋯ Ⅲ. ①水力发电站—安全生产—生产管理—技术培训—教材 Ⅳ. ①TV73

中国版本图书馆CIP数据核字（2016）第275924号

中国电力出版社出版、发行

（北京市东城区北京站西街19号　100005　http：//www.cepp.sgcc.com.cn）

河北鑫彩博图印刷有限公司印刷

各地新华书店经售

*

2017年1月第一版　2022年4月北京第三次印刷

850毫米×1168毫米　32开本　5.875印张　131千字

印数4001—4500册　定价**29.00**元

版 权 专 有　侵 权 必 究

本书如有印装质量问题，我社营销中心负责退换

《水电厂安全教育培训教材》

编委会

主　编　李　华

副主编　王永潭　李建华　张　涛　吕　田　李幼胜

编　委　王　涛　宋绪国　吴冀杭　高国庆　李少春

　　　　罗　涛　李　显　王吉康　刘争臻　靳永卫

　　　　袁冰峰　邓亚新　李海涛　夏书生　高　辉

　　　　曹南华　张铁峰　孔令杰　徐　桅　王考考

　　　　蒋明君　王　宁　董飞燕　张建伟　王　健

　　　　顾希明　刘立军　高俊波　付　强　孔繁臣

　　　　刘亚莲　王振羽　孟继慧　王景忠

前 言
FOREWORD

随着近年来水电行业的快速发展，水电建设的步伐逐年加快，对水电人才的需求也逐步增多，这对水电企业的安全教育培训提出了更高的要求。为了进一步提高水电企业的安全教育培训质量，充分发挥安全教育培训在安全责任落实、安全文化落地、人员素质提升等方面的作用，特组织行业专家编写本套《水电厂安全教育培训教材》。

本套教材共分为5个分册，包括《新员工分册》《现场生产人员分册》《生产单位管理人员分册》《基建单位管理人员分册》《参建施工人员分册》。

本套教材针对水电厂各类人员量身定做，适用于生产和基建单位新入职人员、一线员工和各级管理人员，内容紧密结合现场安全工作实际，突出岗位特色，明确各岗位应掌握的安全知识和应具备的安全技能，将安全教育与日常工作结合在一起，巧妙地将安全常识、安全规定、安全工作、事故案例等结合起来。通过分阶段、分岗位、分专业的系统性培训，全面提升各级生产人员的安全知识储备和安全技能积累。

本册是《新员工分册》，主要内容包括新员工安全基础教育和新员工三级安全教育两章，其中新员工安全基础教育包括安全基本知识、安全基础技能；新员工三级安全教育包括厂级安全教育、部门安全教育、班组安全教育；且有典型事故案例分析等内容。参加本册编写的人员有李华、李建华、宋绪国、高国庆、李少春、罗涛、李显、王吉康、靳永卫、袁冰峰、邓亚新、夏书生、高辉、曹南华、张铁峰。

本套教材是水电厂消除基层安全工作中的薄弱环节，开展安全教育培训的首选教材，也可供水电厂各级安全监督人员及相关人员学习参考。

由于编写时间仓促，本套教材难免存在疏漏之处，恳请各位专家和读者提出宝贵意见，使之不断完善。

编者

目　录
CONTENTS

第一章

新员工安全基础教育

|||||||||| 第一节　安全基本知识 ||||||||||

一、安全术语

1. 安全

安全是指消除能导致人员伤害、疾病或死亡，或引起设备、财产或经济破坏和损坏。

2. 电气安全距离

为防止人触及或过分接近带电体，或防止车辆和其他物体碰撞带电体，以及避免发生各种短路、火灾和爆炸事故，在人体与带电体之间、带电体与地面之间、带电体与其他设备之间，都必须保持一定的距离，这种距离称为电气安全距离。

3. 高空作业

高空作业又称高处作业，是指人在一定位置为基准的高处进行作业。按国家标准 GB 3608—2008 规定："凡在坠落高度基准面 2m 以上（含 2m）有可能坠落的高处进行作业，都称为高处作业。"

4. 绝缘防护

绝缘防护是指用绝缘物质和材料把带电体封护或隔离起来，使电气设备及线路能正常工作时，防止发生人身触电的措施。

5. 屏护

屏护就是用屏障、遮栏、围栏、护罩、箱盖等屏护装置将带电体与外界隔离，以控制不安全因素。

6．安全标志

安全标志是指用以表达特定安全信息的标志，由图形符号、安全色、几何形状（边框）或文字构成。

7．接地

接地是指将电力系统或电气装置的某一部分经接地线与接地体连接。

8．保护接零

保护接零是指在中性点直接接地的系统中，把电气设备在正常情况下不带电的金属部分与中性点接地系统的零线连接起来。

9．安全电压

安全电压是指不危及人身安全的电压，我国规定 42V、36V、24V、12V、6V 5 个额定等级。

10．电气工作票

电气工作票是指准许在电气设备、电力线路上等工作的书面命令，也是明确安全职责、向工作人员进行安全交底，以及履行工作许可手续、工作间断、转移和终结手续，并实施保证安全技术措施等的书面依据。

11．危险源

危险源是指可能导致人身伤害和（或）健康损害的根源、状态或行为，或其组合。

12．违章作业

违章作业是指违反相关规定、章程、政府法令和国家法律法规的异常工作状态。

13．安全色

安全色是传递安全信息含义的颜色，包括红、蓝、黄、绿四种颜色。

红色传递禁止、停止、危险或提示消防设备、设施的信息；蓝色传递必须遵守规定的指令性信息；黄色传递注意、警告的信息；绿色传递表示安全的提示性信息。

14．安全工具

用于防止触电、灼伤、坠落、摔跌等事故，保障工作人员人身安全的各专用工具和器具。

二、主要安全生产法律、法规、规程及制度介绍

1.《中华人民共和国安全生产法》

2014 年 8 月 31 日，中华人民共和国主席令第十三号公布了新修订的《中华人民共和国安全生产法》（以下简称《安全生产法》），自 2014 年 12 月 1 日起施行。这部法律以基本法的形式，对安全生产工作的方针、生产经营单位的安全生产保障、从业人员的权利和义务、生产安全事故的应急救援和调查处理以及违法行为的法律责任等都做出了明确的规定，

是加强安全生产管理、搞好安全生产工作的重要法律依据，是各类生产经营单位及其从业人员实现安全生产必须遵循的行为准则。《安全生产法》共七章，一百一十四条，主要内容包括总则、生产经营单位的安全生产保障、从业人员的安全生产权利义务、安全生产的监督管理、生产安全事故的应急救援与调查处理、法律责任等六个方面。它要求生产经营单位依法建立保障安全生产的管理制度，保证本单位安全生产投入的有效实施和人、机、环境的常态机制，维护员工在安全生产方面的合法权益，履行保障从业人员教育培训、职业安全健康的义务，是企业从事生产经营活动、规范安全管理的最基本的法律。

2.《中华人民共和国电力法》

2015 年 4 月，国家颁布了《中华人民共和国电力法》（最新修订）。这是一部有关安全生产管理的单行法律，也是我国为数不多的一部有关电力工业领域的产业法，是根据社会主义市场经济的客观要求，适当吸收外国电力立法的有益经验制定的，将我国发展

能源产业的基本产业政策以法律的形式固定了下来，为保障电力企业安全、持续发展提供了法律保障。

3. 国务院《关于进一步加强企业安全生产工作的通知》

2010 年 7 月 19 日，国务院以国发〔2010〕23 号文件正式出台《关于进一步加强企业安全生产工作的通知》（以下简称《通知》），它是新形势下国务院关于加强企业安全生产工作的一份重要文件，

明确了现阶段安全生产工作的总体要求和目标任务，提出了新形势下加强安全生产工作的一系列政策措施。该《通知》是继2004年《国务院关于进一步加强安全生产工作的决定》之后的又一重大举措，是指导全国安全生产工作的纲领性文件。该《通知》从9个方面明确了32条措施，涵盖了企业安全生产管理、技术保障、产业升级、应急救援、安全监管、安全准入、指导协调、考核监督、责任追究等各个方面，对企业落实安全生产主体责任提出了严格要求，具有很强的政策指导性。

4.《生产安全事故报告和调查处理条例》

《生产安全事故报告和调查处理条例》（国务院令第493号）（以下简称《条例》）经2007年3月28日国务院第172次常务会议通过，自2007年6月1日起施行。该《条例》全面规范了生产经营中的生产安全事故报告和调查处理程序与责任。其公布实施是依法治安、重点治乱，建立规范的安全生产法制秩序的一个重大举措，对于强化事故责任追究，落实安全生产责任，防止和减少事故，推动安全生产形势好转具有重要的意义。该《条例》涵盖了生产安全事故报告和调查处理工作的原则、制度、机制、程序和法律责任等重大问题，并做出了相应的法律规定。该《条例》根据生产安全事故造成的人员伤亡或者直接经济损失，将事故分为特别重大事故、重大事故、较大事故、一般事故四个等级；规定事故报告要及时、准确、完整，不得迟报、漏报、谎报或者瞒报；确立了事故报告和调查处理工作坚持"政府领导、分级负责"的原则，强调了事故查处必须坚持"四不放过"的原则，强化了事故责任追究力度，对事故发生单位及单位主要负责人和其他有关人员规定了行政处罚。

5.《电力安全事故应急处置和调查处理条例》

《电力安全事故应急处置和调理条例》（国务院令第 599 号）（以下简称《条例》）经国务院第 159 次常务会议通过，并于 2011 年 9 月 1 日起执行。该《条例》对电力安全事故界定和调查处理做出重大调整，对电网安全生产监管将带来重大变化。该《条

例》是继 2007 年国务院第 493 号令《生产安全事故报告和调查处理条例》和 2010 年《关于进一步加强企业安全生产工作的通知》（国发 23 号文）之后，国务院为加强行业安全监督管理的又一重大举措。该《条例》在事故等级、事故报告、事故调查、事故处理、法律责任等方面都做了明确的规定，是指导电网安全生产工作的重要文件。该《条例》提升了电力生产事故考核级别，重点关注电网停电和大面积停电事故，一旦构成重特大电力安全事故，将由国务院或授权部门组织调查，并追究电力企业领导责任。该《条例》按照各级电网减供负荷比例和停电用户比例，对事故进行了重新定级，将对电力安全生产和电网安全管理带来重大变化。

6.《国家电力监管委员会安全生产令》

2004 年 2 月 18 日，国家电力监管委员会令第 1 号公布了《国家电力监管委员会安全生产令》，电监会成立后第 1 号令是有关安全生产的指令，意义重大，是安全生产行业监管的重要体现。1 号令对电力体制改革后中国电力安全工作的指导思想、目标任务、实施措施等做出了明确的规定。

7.《电力安全生产监管办法》

2004 年 3 月 9 日，国家电力监管委员会令第 2 号公布了《电力安全生产监管办法》(以下简称《办法》)，其目的是为了有效实施电力安全生产监管，保障电力系统安全，维护社会稳定。该《办法》从电力安全监管的范围、电力企业的安全责任、电力系统安全稳定运行、电力安全生产信息报送、事故调查处理几个方面做出了明确的规定。

8.《电力安全事故调查程序规定》

为了规范电力安全事故调查工作，根据《电力安全事故应急处置和调查处理条例》和《生产安全事故报告和调查处理条例》，2012 年 6 月 5 日，国家电力监管委员会主席办公会议审议通过《电力安全事故调查程序规定》(国家电力监管委员会令第 31 号)，自 2012 年 8 月 1 日起施行。该规定共 37 条，对电力安全事故调查的权限、范围、调查原则和调查程序进行了详细的规定，是《电力安全事故应急处置和调查处理条例》和《生产安全事故报告和调查处理条例》的补充规定。

9.《电力安全事件监督管理暂行规定》

为贯彻落实《电力安全事故应急处置和调查处理条例》，加强对可能引发电力安全事故的重大风险管控，电监会组织制定了《电力安全事件监督管理暂行规定》(电监安全〔2012〕11 号)，对未构成电力安全事故，但影响电力(热力)正常供应，或对电力系统安全稳定运行构成威胁，可能引发电力安全事故或造成较大社会影响的事件即电力安全事件的管理进行了具体规定，是《电力安全事故应急处置和调查处理条例》的补充规定。

10.《国家电网公司安全生产工作规定》

为贯彻落实《中华人民共和国安全生产法》，理顺厂网分开后国家电网公司系统的安全管理关系，国家电网公司在原国家电力公司《安全生产工作规定》的基础上，制定并颁发了《国家电网公司安全生产工作规定》并以国家电网总〔2003〕407 号文件下发。其内容

包括安全生产总体要求、目标、责任制、安全监督、规程制度、例行工作、电力生产安全事故应急处理与调查、考核与奖惩等十四个方面。确定了国家电网公司系统的安全管理关系、组织体系、管理程序和工作原则，明确了企业开展安全生产工作的内容、方法和基本要求，涵盖了安全生产管理工作的方方面面。这是目前国家电网公司系统开展安全生产监督和管理工作的纲领性文件。

11.《国家电网公司安全生产监督规定》

为了规范国家电网公司系统安全生产监督工作，充分发挥监督体系的作用，保证国家和国家电网公司有关安全生产的法律法规、标准规定、规程制度的有效实施，促进公司系统安全生产水平的提高，国家电网公司在原国家电力公司《安全生产监督规定》的基础上，依据《国家电网公司安全生产工作规定》制定了《国家电网公司安全生产监督规定》（以下简称《规定》），并以国家电网总〔2003〕408 号文件下发。该《规定》对公司系统建立健全安全生产监督体系，以资产和管理关系为纽带的自下而上监督关系、监督机构（包括人员）及职责，以及开展安全生产监督管理工作的内容、程序

和基本要求进行了明确规定，是国家电网公司系统开展内部安全生产监督工作的指导性文件。

12. 《国家电网公司安全事故调查规程》

　　为了贯彻"安全第一，预防为主，综合治理"的方针，加强国家电网公司系统的安全监督管理，通过对人身、电网、设备、信息事故的调查分析和统计，总结经验教训，研究事故规律，采取预防措施，杜绝事故的重复发生，国家电网公司在国务院第 493 号令和第 599 号令的要求下，在原《国家电网公司电力生产事故调查规程》的基础上进行修订，形成《国家电网公司安全事故调查规程》（以下简称《调规》），于 2011 年 12 月 29 日以国家电网安监〔2011〕2024 号印发，自 2012 年 1 月 1 日起施行。该《调规》从名称上将原来的《电力生产事故调查规程》改为《安全事故调查规程》，意味着安监部门的职责范围由原来的生产安全扩大到公司系统各个方面的安全工作，体现了大安全的管理原则。该《调规》对开展事故调查工作的原则、事故分类、事故调查、统计报告、安全考核、安全记录等工作的内容、程序、方法和要求进行了明确，涵盖了安全事故调查的全过程，是公司系统开展安全事故调查工作的依据。

13. 《国家电网公司安全工作奖惩规定》

　　为了建立电力企业安全生产工作激励机制，激励广大干部员工安全生产遵章守纪的自觉性和积极性，全面提高安全生产素质，在电力安全生产工作中实施奖罚结合，国家电网公司依据《安全生产工作规定》，坚持以精神鼓励与物质奖励相结合、思想教育与行政经济处罚相结合的原则，在原来的《国家电网公司安全生产工作奖惩规定》的基础上进行修订，制定了《国家电网公司安全工作奖惩规定》[国网（安监/3）480—2015]。奖惩规定主要包括总则、表扬和奖励、

处罚等三部分内容。《国家电网公司安全工作奖惩规定》不是独立的规定文本，也不是孤立于其他规定之外来实施的，它是针对国家电网公司当前安全工作的实际情况，与《国家电网公司安全事故调查规程》及相关文件相互融合的结果，是电力安全管理制度的重要组成部分。旨在通过安全奖惩制度，提高员工对安全生产极端重要性的认识，促进安全生产责任制的落实，严肃工作纪律，加大反违章的力度，以此杜绝各种事故及造成重大损失和社会影响事件的发生，促进公司系统安全工作。

14.《国家电网公司电力安全工作规程》

一直以来，《电业安全工作规程》是指导电力行业开展现场安全工作的重要现场工作指南，并一直作为国家标准规范着电力工业的现场工作。厂网分开以后，随着体制改革的不断深化和电网企业生产模式的不断变化，国家电网公司在不断修订的基础上，于2013年和2015年颁发了现行《国家电网公司电力安全工作规程》（变电部分）、《国家电网公司电力安全工作规程》（线路部分）和《国家电网公司电力安全工作规程》（水电厂动力部分），其目的是为了加强企业电力生产现场安全管理，规范各类工作人员的作业行

为，保证人身、电网、设备安全。主要包括电力高压设备上工作的基本要求、保证安全的组织措施和技术措施、线路作业时变电站和发电厂的安全措施、带电作业、二次回路上的作业、电气试验、电力电缆工作、线路运行和维护、配电设备上的工作、一般安全措施等内容。对现场生产活动所应采取的安全措施、工作方法、基本要求做出了原则性规定，在国家电网公司系统生产工作中具有普遍约束性和强制性。

第二节　安全基础技能

一、电气安全工器具

安全工器具为了防止电气工作人员在工作中发生触电、电弧烧伤、电灼伤、高处坠落以及有毒气体中毒等事故，包括个体防护装备、绝缘安全工器具、登高工器具、安全围栏（网）和安全标志牌等四大类。

（一）个体防护装备

个体防护装备是指保护人体避免受到急性伤害而使用的安全用具，包括安全帽、防护眼镜、自吸过滤式防毒面具、正压式空气呼吸器、安全带、安全绳、速差自控器、导轨自锁器等。

1. 安全帽

安全帽是对人头部受坠落物及其他特定因素引起的伤害起防护作用的个体防护装备（见图 1-1）。由帽壳、帽衬、下颏带及附件等组成。

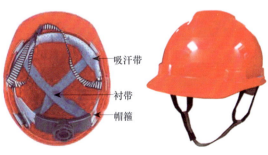

吸汗带

衬带

帽箍

图 1-1　安全帽

帽壳：包括帽舌、帽檐。

帽衬：是帽壳内部各部件的总称，由帽箍、顶衬、后箍等组成。

下颏带：为稳定帽子而系在下颏上的带子。

吸汗带：包裹在帽箍外面的吸汗材料。

通气孔：帽壳两侧用于空气流通的小孔。

使用前进行外观检查，衬带和帽衬应完好，并能起到防护作用，检查安全帽合格证及是否在校验周期内；

使用时需系紧下领带，以防止工作过程中或外来物体打击时脱落；

塑料安全帽的使用不超过两年半（玻璃钢不能超过三年半）。

2. 防护眼镜

图 1-2 防护眼镜

防护眼镜是在操作、维护和检修电气设备或线路时，用来保护眼睛使其免受电弧灼伤及防止脏物落入眼内的安全用具（见图 1-2）。

防护眼镜应是封闭型的，镜片玻璃要能够耐热并能在一般机械力作用下不致破碎。根据防护对象的不同，防护眼镜可分为防碎屑打击、防有害物体飞溅、防烟雾灰尘及防辐射线等几种。

检查镜片是否容易脱落；透镜表面应充分研磨，不得有以肉眼可看出的伤痕、纹理、气泡、异物等；戴上透镜时，影像应绝对清晰，不得模糊不清。宽窄和大小要适合使用者的脸型；镜片磨损、镜架损坏，应及时调换；专人使用，防止传染眼病；焊接防护面罩的滤光片和保护片要按规定作业需要选用和更换；防止重摔重压，防止坚硬的物体摩擦镜片和面罩。

3．自吸过滤式防毒面具

自吸过滤式防毒面具是用于有氧环境中使用的呼吸器。用在变配电所及工厂的正常工作、事故抢修与灭火工作中，接触有害气体时，保障工作人员人身安全的一种安全用具（见图1-3）。主要由面罩和滤毒罐两部分组成。

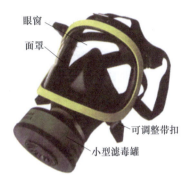

眼窗
面罩
可调整带扣
小型滤毒罐

图 1-3　自吸过滤式防毒面具

面罩：由罩体、眼窗、通话器和气阀等组成，用来密封并隔绝外部空气和保护口鼻面部的作用。

滤毒罐：内部充填以活性炭为主要成分的物质并浸渍了铜、银、铬金属氧化物用来过滤空气中的有毒气体及粉尘。

4．正压式空气呼吸器

正压式空气呼吸器用于无氧环境中保护佩戴者不吸入空气中的有毒有害物质，保证使用人员的生命安全（见图1-4）。主要由全面罩、高压气瓶、压力表、减压阀、供气阀等部件组成。

全面罩：采用阻燃材料制成，用于保护使用者面部免受腐蚀、热灼等危害。

高压气瓶：用来储存空气，供使用者呼吸。

压力表：用来监视气瓶内气体压力。

减压阀：将高压减为稳定的中压。

供气阀：与面罩连接后自动后提供来自减压阀的空气。

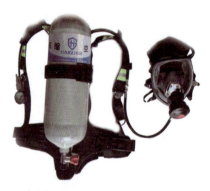

图1-4　正压式空气呼吸器

使用前根据面型尺寸选择适宜的号码，首先检查面罩气密性，用力捏紧吸气管和呼气管，随后轻轻地吸气，确认面罩被除吸附于面部后停止吸气，保持该状态5s后，左右下下晃动头部。确认能否保持吸附状态。若无法保持吸附状态，请拉紧面罩头带，若还不行，请重新佩带面罩再次进行气密性确认，将手从吸气管和呼气管放开，开始呼吸。

其次对呼吸感进行确认，轻微及用力地呼吸，确认是否有呼吸不畅或呼吸器发出异常声响的现象，能够顺畅的呼吸且无异常声响则可断定为呼吸感良好。用力进行呼吸时，由于自动补气阀动作产生释放氧气的声响，属于正常现象。

最后检查氧气压力，观察前置压力表，确认压力必须达到（18～20MPa）。

使用时，将断开快速接头的空气呼吸器瓶阀向下背在人体背部；不带快速接头的呼吸器，将全面罩和供气阀分离后，将其瓶阀向下背上，根据身高腰围调节好；将供气阀和全面罩连接好；打开开关一圈以上，听到响声报警声音（已经充满压缩空气）；深吸一口气，检查压力表指针（大吸气回摆说明压力不够）；使用过程中需注意有无泄漏。

5. 安全带

安全带是防止高处作业人员发生坠落或发生坠落后将作业人员安全悬挂的个体防护装备，一般分为围杆作业安全带、区域限制安全带和坠落悬挂安全带（见图1-5）。安全带是由腰带、护腰带、围杆带、绳子和金属配件等部件组成。

（1）围杆作业安全带是通过围绕在固定构造物上的绳或带将人体绑定在固定构造物附近，使作业人员双手可以进行其他操作的安全带。

（2）区域限制安全带是用于限制作业人员的活动范围，避免其到达可能发生坠落区域的安全带。

（3）坠落悬挂安全带是指高处作业或登高人员发生坠落时，将作业人员安全悬挂的安全带。

使用前必须进行外观检查，凡发现破损、伤痕、金属配件变形、裂纹、销扣失灵、保险绳断股者，禁止使用。

安全带应高挂低用或水平拴挂。

安全带上的各种附件不得任意拆除或不用，更换新保险绳时要有加强套，安全带的正常使用期限为3～5年，发现损伤应提前报废换新。

安全带使用和保存时，应避免接触高温、明火和酸等腐蚀性物质，避免与坚硬、锐利的物体混放。

（a）　　　　　　　　　　　　　　（b）

图 1-5　安全带

（a）围杆作业安全带；（b）坠落悬挂作业安全带

安全带可以放入温度较低的温水中，用肥皂、洗衣粉水轻轻擦洗，再用清水漂洗干净然后晾干，不允许浸入高温热水中，以及在阳光下曝晒或用火烤。

安全带每半年进行预防性试验。

6. 安全绳

安全绳是连接安全带系带与挂点的绳（带、钢丝绳等），一般分为围杆作业安全绳、区域限制安全绳和坠落悬挂安全绳（见图1-6）。

每次使用前必须进行外观检查，连接铁件有裂纹或变形、锁扣失灵、锦纶绳断股的不得使用。

使用安全绳必须按照规程进行定期荷重试验，并做好合格标志。

安全绳应高挂低用，若高处无绑扎点，可挂在等高处。

安全绳用完后应放置好，切忌接触高温、明火和酸类物质，以及有锐角的坚硬物。

安全绳应每半年试验一次。

7. 连接器

连接器可以将两种或两种以上元件连接在一起、具有常闭活门的环状零件（见图1-7）。

图1-6　安全绳　　　　　　图1-7　连接器

8. 速差自控器

速差自控器是一种安装在挂点上，装有一种可收缩长度的绳（带、钢丝绳）、串联在安全带系带和挂点之间、在坠落发生时因速度变化引发制动作用的装置（见图1-8）。

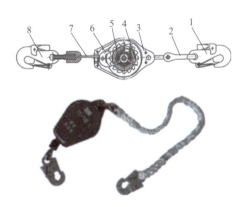

图1-8　速差自控器

1—上挂钩；2—尼龙编织绳；3—外壳；4—棘齿轮；
5—钢带；6—棘爪；7—钢丝绳索；8—下挂钩

9. 导轨自锁器

导轨自锁器是附着在刚性或柔性导轨上，可随使用者的移动沿导轨滑动，因坠落动作引发制动的装置（见图 1-9）。

10. 缓冲器

缓冲器是串联在安全带系带和挂点之间，发生坠落时吸收部分冲击能量、降低冲击力的装置（见图 1-10）。

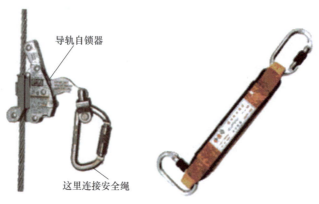

导轨自锁器

这里连接安全绳

图 1-9　导轨自锁器　　　　　　图 1-10　缓冲器

11. 安全网

安全网是用来防止人、物坠落，或用来避免、减轻坠落及物击伤害的网具。安全网一般由网体、边绳及系绳等构件组成。安全网可分为平网、立网和密目式安全立网（见图 1-11）。

12. 静电防护服

静电防护服是用导电材料与纺织纤维混纺交织成布后做成的服装，用于保护线路和变电站巡视及地电位作业人员免受交流高压电场的影响（见图 1-12）。

13．防电弧服

防电弧服是一种用绝缘和防护的隔层制成的保护穿着者身体的防护服装，用于减轻或避免电弧发生时散发出的大量热能辐射和飞溅融化物的伤害（见图1-13）。

图 1-11　安全网

图 1-12　静电防护服　　图 1-13　防电弧服

14. 耐酸服

耐酸服适用于从事接触和配制酸类物质作业人员穿戴的具有防酸性能的工作服，它是用耐酸织物或橡胶、塑料等防酸面料制成（见图 1-14）。耐酸服根据材料的性质不同分为透气型耐酸服和不透气型耐酸服两类。

15. SF_6 防护服

SF_6 防护服是为保护从事 SF_6 电气设备安装、调试、运行维护、试验、检修人员在现场工作的人身安全，避免作业人员遭受氢氟酸、二氧化硫、低氟化物等有毒有害物质的伤害（见图 1-15）。SF_6 防护服包括连体防护服、SF_6 专用自吸过滤式防毒面具、SF_6 专用滤毒缸、工作手套和工作鞋等。

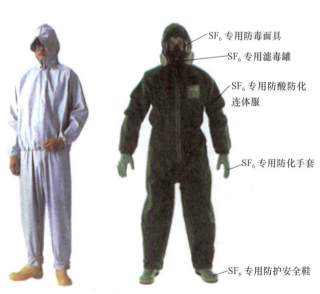

SF$_6$专用防毒面具
SF$_6$专用滤毒罐
SF$_6$专用防酸防化连体服
SF$_6$专用防化手套
SF$_6$专用防护安全鞋

图 1-14　耐酸服　　　　图 1-15　SF_6 防护服

16．耐酸手套

耐酸手套是预防酸碱伤害手部的防护手套。

17．耐酸靴

耐酸靴是采用防水革、塑料、橡胶等为鞋的材料，配以耐酸鞋底经模压、硫化或注压成型，具有防酸性能，适合脚部接触酸溶液溅泼在足部时保护足部不受伤害的防护鞋，见图 1-16。

18．导电鞋（防静电鞋）

导电鞋是由特种性能橡胶制成的，在 220～500kV 带电杆塔上及 330～500kV 带电设备区非带电作业时为防止静电感应电压所穿用的鞋子。

19．个人保安线

个人保安线是用于防止感应电压危害的个人用接地装置（见图 1-17）。

 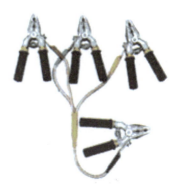

图 1-16 耐酸靴　　　　图 1-17 个人保安线

20．SF$_6$气体检漏仪

SF$_6$气体检漏仪是用于绝缘电气设备现场维护时，测量SF$_6$气体含量的专用仪器（见图1-18）。

使用前须检查外观良好，仪器完整，仪器名称、型号、制造厂名称、出厂时间、编号等应齐全、清晰。附件齐全；仪器连接可靠，各旋钮应能正常调节；通电检查时，外露的可动部件应能正常动作；显示部分应有相应指示；对有真空要求的仪器，真空系统应能正常工作；开机前，操作者要熟悉操作说明；严禁将探枪放在地上，防止灰尘污染探枪和主机不得拆卸，以免影响仪器正常工作；仪器探头已调好，勿自行调节；真空泵换油时，仪器不得带电（要拔掉电源线），防止触电；注输过程中严禁倒置，不可剧烈振动。

21．含氧量测试仪及有害气体检测仪

含氧量测试仪及有害气体检测仪是检测作业现场（如坑口、隧道等）氧气及有害气体含量、防止发生中毒事故的仪器（见图1-19）。

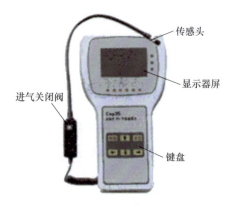

传感头

显示器屏

进气关闭阀

键盘

图1-18　SF$_6$气体检漏仪

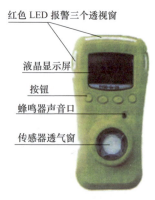

红色LED报警三个透视窗

液晶显示屏

按钮

蜂鸣器声音口

传感器透气窗

图1-19　含氧量测试仪及有害气体检测仪

22．防火服

防火服是消防员及高温作业人员近火作业时穿着的防护服装，用来对其上下躯干、头部、手部和脚部进行隔热防护。

23．红布幔

红布幔又名红布帘，其颜色鲜艳，其警示作用（见图 1-20）。

运行设备

运行设备

图 1-20　红布幔

（二）登高工器具

1．脚扣

脚扣是电工攀登电杆的主要安全攀登工具，它的质量好坏直接危及电工作业人员的生命安全（见图 1-21）。脚扣的结构形式：脚扣一般是用钢或铝合金材料制作的近似半圆形、带皮带扣环和脚登板的工具。根据所攀登的电杆种类的不同，脚扣有水泥杆用和木杆用两种型式。

图 1-21　脚扣

水泥杆用脚扣的半圆环和根部装有橡胶套或橡胶垫，用来防滑。

脚扣有大小号之分，以适应电杆粗细不同之需要，脚扣使用起来较为方便，攀登速度快，易学会，但工作人员易于疲劳，适用于短时间作业。

使用前应作外观检查，检查各部位是否有裂纹、腐蚀、开焊等现象。若有，不得使用。

登杆前，使用人应对脚扣做人体冲击检验，方法是将脚扣系于电杆离地 0.5m 左右处，借人体重量猛力向下蹬踩，脚扣及脚套不应有变形及任何损坏后方可使用。

按电杆的直径选择脚扣大小，并且不准用绳子或电线代替脚扣绑扎鞋子。

登杆时必须与安全带配合使用以防登杆过程发生坠落事故。

脚扣不准随意从杆上往下摔扔，作业前后应轻拿轻放，并妥善存放在工具柜内；每年进行预防性试验。

2. 快装脚手架

快装脚手架是指整体结构采用"积木式"组合设计，构件标准化且采用复合材料制作，不需任何安装工具，可在短时间内徒手搭建的一种高处作业平台。

3. 绝缘升降台

绝缘升降台用于一人或数人登高、站立，具有升降功能的作业平台（见图 1-22）。

4. 梯子

梯子是登高作业常用的工具（见图 1-23）。梯子的制作梯子可以用木料、竹料、其他绝缘材料及铝合金材料制作，它的强度应能承受作业人员携带工具时的总质量。

图 1-22　绝缘升降台

图 1-23　合梯

　　梯子通常制作成直梯和人字梯两种，前者通常用于户外登高作业，后者通常用于户内登高作业，人字梯在中间应设有防滑挂钩或绑扎两道防自动滑开的拉绳。变配电所内使用的梯子应用绝缘材料制作。

　　在使用前应检查梯子是否短少踏棍或梯身破损、断裂、腐蚀、变形、有裂缝、安全止滑脚是否良好、梯子有无检查合格标识、限位器是否完好、五金件是否完好、拉伸绳索和滑轮是否完好。

　　使用梯子前，应确保工作安全负荷不超过其最大允许载荷。

　　使用梯子时，一个梯子上只允许一人站立，并有一人监护，严禁带人移动梯子；梯子使用时应放置稳定，在平滑面上使用梯子时，应采取端部套、绑防滑胶皮等防滑措施，直梯和延伸梯与地面夹角以 60°～70° 为宜；使用梯子时，人员处在坠落基准面 2m（含 2m）以上时应采取防坠落措施；在梯子上工作时，应避免过度用力、背对梯子工作、身体重心偏离等，以防止身体失去平衡而导致坠落，有横挡的人字梯在使用时应打开并锁定横挡，谨防夹手；上、下梯子时，应面向梯子，一步一级，双手不能同时离开梯子。下梯时应先看后下；人员在梯子上作业需使用工具时，可用跨肩工具包携带或用提升设备以及绳索来上下搬运，以确保双手始终可以自由攀爬；对于直梯、延伸梯以及 2.4m 以上（含 2.4m）的人字梯，使用时应用绑绳固定或由专人扶住，固定或解开绑绳时，应有专人扶梯子。

梯子最上两级严禁站人，并应有明显警示标识，在通道门口使用梯子时，应将门锁住。

存放梯子时，应将其横放并固定，避免倾倒砸伤人员；梯子存放处应干燥、通风良好，并避免高温和腐蚀；存放的梯子上严禁堆放其他物料；搬运梯子时应两人进行。

梯子应每半年试验一次。

5. 软梯

软梯是用于高处作业和攀登的工具（见图 1-24）。

图 1-24　软梯

（三）绝缘工器具

1．高压验电器

高压验电器主要用来检验设备对地电压在 1000V 以上的高压电气设备。目前广泛采用的有发光型、声光型和风车式三种形式。它作为高压设备、导线验电的一种专用安全器具（见图 1-25），在装设接地线前必须用高压验电器进行验电以确认无电。它由指示、绝缘和握把三部分组成。

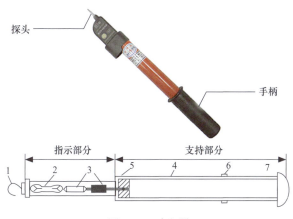

图 1-25　验电器

1—工作触头；2—氖灯；3—电容器；4—绝缘筒；
5—接地螺丝；6—隔离护环；7—握柄

指示部分包括金属接触电极和指示器。绝缘部分和握把部分一般用环氧玻璃布管制成，之间装有明显的标志或装设护环。

使用前根据被验电设备的额定电压选用合适电压等级的合格高压验电器。

验电操作顺序应按照验电"三步骤"进行：即在验电前必须进行自检，方法是用手指按动自检按钮，指示灯有间断闪光，同时发出间断报警声，说明仪器正常；若自检试验无声光指示灯和音响报警时（排除电池无电），不得进行验电；再将验电器在带电的设备上验电，然后再在已停电的设备进出线两侧逐相验电，当验明无电后再把验电器在带电设备上复核一下，看其是否良好。

验电时，应戴绝缘手套，穿绝缘靴（鞋），手握在护环下侧握柄部分，并与带电部分保持足够的安全距离，验电器应逐渐靠近带电部分，直到氖灯发亮为止，验电器不要立即直接触及带电部分。

验电时，验电器不应装设接地线，除非在木梯、木杆上验电，不接地不能指示者，才可装接地线。

使用抽拉式验电器验电时，绝缘杆应完全拉开，必须有两人一起进行，一人验电一人监护。

避免跌落、挤压、强烈冲击、振动，不要用腐蚀性化学溶剂和洗涤等溶液擦洗。

不要放在露天烈日下曝晒，验电器用后应存放于匣内，置于干燥处，避免积尘和受潮。

高压验电器应每半年试验一次。

2. 低压验电器

图 1-26　低压验电器

低压验电器（俗称验电笔）是检验低压电气设备或线路是否带电的专用测量工具（见图 1-26）。它是由一个高值电阻、氖管、弹簧、金属触头和器身组成。为了工作方便，低压验电器常被做成钢笔式或螺丝刀式。

3. 携带型短路接地线

携带型短路接地线是用来防止工作地点突然来电（如错误合闸送电），消除停电设备或线路可能产生的感应电压以及汇放停电设备或线路的剩余电荷的重要安全用具（见图 1-27），是保护工作人员免遭意外电伤害的最简便、最有效的措施。

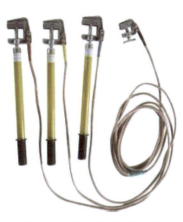

图 1-27　携带型短路接地线

携带型接地线主要由导线端线夹、绝缘操作棒、多股裸软铜线和接电端线夹等部件组成。多股裸软铜线是接地线的主要部件。其中有三根短裸软铜线是为连接三相导线的短路线部分，并连接于接地线的一端，接地线的另一端连接接地装置。多股裸软铜线的截面应根据短路电流的热稳定要求选定，不能因为产生高热而熔断。一般选用不应小于 25mm^2。

使用前应进行外观检查，若发现绞线松股、断股、护套严重破损、夹具断裂松动等均不得使用；接地线绝缘杆外表无脏污、划痕及绝缘漆脱落现象；接地线检验合格证应在有效试验合格期内。

使用时，接地线的连接器（线卡或线夹）装上后接触应良好，并有足够夹持力，以防短路电流幅值较大时，由于接触不良而熔断或因电动力的作用而脱落。

装接地线前应先验电，无电后先装设接地线的接地端，后接导体端，拆除时顺序正好相反。

装设接地线必须由两人进行，装、拆接地线均应使用绝缘棒和戴绝缘手套并站在绝缘垫上。

每组接地线均应编号，并存放在固定地点，存放位置亦有编号。

4. 绝缘杆

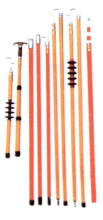

图1-28　绝缘杆

绝缘杆又称绝缘棒、操作杆、令克棒（见图1-28），主要用于合上或断开高压隔离开关、跌落式熔断器，安装和拆除携带型接地线以及进行带电测量和试验等工作，要求其具有良好的绝缘性能和足够的机械强度。

结构及规格绝缘棒由工作、绝缘和握手三部分构成。绝缘棒工作部分一般用金属制成。根据工作的需要，工作部分可做成不同的式样，其长度在满足工作需要的情况下，应尽量缩短，一般为5～8cm左右，避免由于过长而在操作时造成相间或接地短路。

绝缘和握手部分由护环隔开，由环氧玻璃布管制成，其长度的最小尺寸，根据电压等级使用场所的不同而确定，其中绝缘部分的长度，不包括与金属部分镶接的那一段长度。

　　使用前，应选择与电气设备等级相匹配的绝缘杆，应检查绝缘杆的堵头，如发现破损应禁止使用。

　　用毛巾擦净灰尘和污垢，检查绝缘杆外表，绝缘部分不能有裂纹、划痕、绝缘漆脱落等外部损伤，绝缘杆连接部分完好可靠，绝缘杆上制造厂家、生产日期、适用额定电压等标记是否准确完整。

　　检查绝缘杆试验合格证是否在有效试验合格期内，超过试验周期严禁使用。

　　在连接绝缘杆的节与节的丝扣时，要离开地面，以防杂草、土进入丝扣中或黏在杆体的表面上，拧紧丝扣。

　　操作时必须戴绝缘手套、穿绝缘靴（鞋）。使用绝缘杆时人体应与带电设备保持足够的安全距离，并注意防止绝缘杆被设备接地部分或进行倒闸操作时意外短接，以保持有效的绝缘长度。

　　使用后应及时将杆体表面污迹擦拭干净，并把各节分解后放在特制的架子上或垂直挂在专用架上，防止弯曲变形。

　　绝缘杆试验周期为一年。

5. 测高杆

　　测高杆又称绝缘测高杆、高压测高杆、伸缩式测高杆、高压测高杆、绝缘测高杆，是用于高压电力行业测绘线路弧垂距离地面距离的绝缘测量工具（见图1-29）。

6. 核相器

　　核相器用于额定电压相同的两个电力系统的相位、相序校验，以便使两个系统具备并列运行的条件。它由长度与内部结构基本相同的两根测量杆、配以带切换开关的检流计组成。测量杆用环氧玻璃布管制成，分为工作、绝缘和握柄三部分，其有效绝缘长度与绝缘操作杆相同。握柄与绝缘部分交接处应有明显标志或装设护环（见图1-30）。

图1-29　测高杆　　　　　图1-30　高压核相器

7. 绝缘罩

工作人员与带电部分之间的安全距离达不到要求时，为了防止工作人员触电，可将绝缘罩放置在带电体上。绝缘罩一般用环氧树脂玻璃丝布板制成（见图1-31）。

使用绝缘罩前应确保其表面洁净、端面不得有分层和开裂，还应检查绝缘罩内是否整洁，应无裂纹和损伤；现场带电安装绝缘罩时，应戴绝缘手套，用绝缘杆操作。

8. 绝缘隔板

当停电检修设备时，如果邻近有带电设备，应在两者之间放置绝缘隔板，以防止检修人员接近带电设备（见图1-32）。在母线带电时，若分路断路器停电检修，在该开关的母线侧隔离开关闸口之间放置绝缘隔板，以防止刀刃由于机械故障或自重而自由下落，导致向停电检修部分误送电。在断开的 6 ~ 10kV 隔离开关的动、静触头之间放置绝缘隔板，以防止检修设备突然来电。

使用绝缘隔板前应确保其表面洁净、端面不得有分层和开裂，还应检查绝缘隔板是否整洁，应无裂纹和损伤；现场带电安装绝缘隔板时，应戴绝缘手套，用绝缘杆操作。绝缘隔板在放置和使用过程中要防止脱落。

图 1-31　绝缘罩　　　　　　图 1-32　绝缘隔板

9. 绝缘夹钳

绝缘夹钳主要在 35kV 及以下电气设备上带电装拆熔断器等工作时使用（见图 1-33）。由绝缘夹钳由工作钳口、绝缘和钳把三部分构成，各部分所用材料与绝缘棒相同。

10. 绝缘手套

绝缘手套是在高压电气设备上操作时使用的辅助安全用具，但在低压带电设备或线路上工作时又可作为基本安全用具（见图 1-34）。操作高压隔离开关、高压跌落式熔断器以及装、拆接地线时均应戴绝缘手套。绝缘手套一般分 12kV 和 5kV 两种（这都是以试验电压命名的；其长度一般不应小于 30~40cm，戴上后至少应超出手腕 10cm）。

使用前先检查外观完好，不得有裂纹、气泡、破漏、划痕等缺陷并在试验有效期内。

图 1-33　绝缘夹钳　　　　　　图 1-34　绝缘手套

检查气密性应良好，将手套从口部向上卷，稍用力将空气压至手掌及指头部分检查上述部位有无漏气，如漏气则不能使用。

戴好手套后将衣袖口套入筒口内。

使用时注意防止尖锐物体刺破手套。

使用后应将内外污物擦洗干净，保存在干燥阴凉的地方，并在绝缘手套内洒一些滑石粉，以免粘连，倒置在指形架上或存放在专用柜内，上面不得堆压任何物件，也不得与石油类油脂接触。

绝缘手套应每半年试验一次。

11. 绝缘靴（鞋）

绝缘靴（鞋）的作用是使人体与地面绝缘。绝缘靴在进行高压操作时作为与地绝缘的辅助安全用具（见图 1-35），也可作为防止跨步电压的基本安全用具；绝缘鞋则仅能在低电压场合下使用。绝缘靴（鞋）是由特种橡胶制成的。绝缘靴通常不上漆，它与涂有光泽黑漆的橡胶雨靴在外观上便有所不同。

绝缘靴（鞋）使用前进行外观检查，表面应无损伤、磨损、裂纹或破漏划痕等缺陷。

使用时避免接触尖锐物体、高温和腐蚀性物质，防止受到损伤。

使用完毕应存放在干燥通风的工具室（柜）内，其上面不得堆压任何物件，也不得与石油类油脂接触。

绝缘靴（鞋）应每半年试验一次。

（a）

（b）

图 1-35　绝缘靴（鞋）

（a）绝缘靴；（b）绝缘鞋

12. 绝缘垫

绝缘垫一般铺在配电室等地面上以及控制屏、保护屏和发电机、调相机的励磁机的两侧,其作用与绝缘靴基本相同(见图1-36)。当进行带电操作开关时,可增强操作人员的对地绝缘,避免或减轻发生单相接地或电气设备绝缘损坏时接触电压与跨步电压对人体的伤害。在 1kV 以下低压配电室地面上铺绝缘垫,可作为基本安全用具起到绝缘作用(万一接触带电部位时也不致发生重大伤害);而在 1kV 以上时,仅作辅助安全用具。

绝缘垫应保持清洁干燥,不得与酸碱及各种油类物质接触。

绝缘垫老化龟裂变黏,绝缘性能下降时,应及时更换。

绝缘垫应避免阳光直射或锐利金属划刺,存放不能靠近热源,以免加剧老化变质。

绝缘垫应每两年试验一次。

图 1-36　绝缘垫

13. 安全围栏

在电气设备和线路检修工作时,在检修场地装设临时遮栏是为了防止发生检修人员误入带电间隔、误登带电设备或误接近邻近带电设备而造成电击事故,同时也可以防止非检修人员进入施工的危险区域内被碰伤、砸伤（见图 1-37）。

图 1-37　安全围栏

二、安全色与安全标志

安全色是传递安全信息的颜色，目的是使人们能够迅速发现或分辨安全标志和提醒人们的注意，以防止事故发生。安全标志是及时提示人们对不安全因素的注意，防止事故发生。安全信息含义的颜色，包括红、蓝、黄、绿四种颜色，各表示禁止、指令、警告、指示等。

（一）安全色

（1）红色：表示禁止、停止、危险以及消防设备的意思。凡是禁止、停止、消防和有危险的器材或环境均应涂以红色标记作为警示的信号。如现场的所有禁止标志"禁止合闸""禁止攀登"等均红色底面，白色字标。

（2）蓝色：表示指令，要求人们必须遵守的规定。如进入工地必须佩带个人防护用具、穿工作服、戴安全帽等以及指引车辆和行人行驶方向的指令。指令标志为蓝色底面，白色字标。

（3）黄色：黄色为警告。提示人们注意的安全色。凡是警告人们注意的器件、设备及环境都应以黄色表示。如"高压危险"的警示牌以及在危险机器、施工现场的坑、池边周围的警戒线，行车道中线，机械齿轮的内壁，安全帽等均为黄色。

（4）绿色：绿色为提示色，表示给人们提供允许、安全的信息，车间厂房内的安全通道、行人和车辆的通行标志、急救站、救护站、消防疏散通道和其他安全防护设备标志。机器启动按钮及安全信号旗等。

（5）其他对比色的使用。

1）黑色用于安全标志文字、图形符号和警告标志的几何边框。

2）白色作为安全标志红、蓝、绿的背景色，也可用于安全标志的文字和图形符号。

3）红色与白色的间隔条纹表示禁止越过。多用在交通、公路上用的防护栏杆和施工工地、工作场所禁止人们进入的危险场所。

4）黄色与黑色的间隔条纹代表警告危险和提示人们应特别注意。多用于工矿企业内部的防护栏杆、吊车吊钩的滑轮架、铁路和公路交叉道口上的防护栏杆和各种机械在工作或移动时容易碰撞的部位。冲床滑块等有暂时性或永久性危险的地方要设置。

5）蓝色与白色间隔条纹表示必须遵守规定的信息。蓝色只有与几何图形同时使用时，才表示指令。

6）绿色与白色间隔条纹，主要是与提示标志牌同时使用，更为醒目地提示人们。

（二）安全标志

安全标志是向工作人员警示工作场所或周围环境危险状况，指导人们采取合理行为的标志。安全标志能够提醒工作人员预防危险，从而避免事故发生；当危险发生时，能够指示人们尽快逃离，或者指示人们采取正确、有效、得力的措施，对危害加以遏制。

国家颁布的《安全标志及其使用导则》规定了四类安全标志，禁止类标志表示不准或制止人们的某种不安全行为；警告类标志是告之人们注意周围环境和可能发生的危险；指令类标志是告之大家必须遵守，用来强制或限制人们的行为和必须做出某种动作或采用某种防范措施；提示类标志是向人们示意目标地点或方向和提供某一信息，如标明安全设施或安全场所。

1. 禁止标志牌

（1）禁止标志是禁止人们不安全行为的图形标志。禁止标志牌的基本型式是一长方形衬底牌，上方是禁止标志（带斜杠的圆边框），下方是文字辅助标志（矩形边框）。图形上、中、下间隙，左、右间隙相等。

（2）禁止标志牌长方形衬底色为白色，带斜杠的圆边框为红色，标志符号为黑色，文字辅助标志为红底白字、黑体字，字号根据标志牌尺寸、字数调整。

（3）常用禁止标志及设置规范，见表 1-1。

表 1-1　　　　　　　　　常用禁止标志及设置规范

图形标志示例	名称	设置范围和地点
禁止吸烟	禁止吸烟	规定禁止吸烟的场所
禁止烟火	禁止烟火	主控制室、继电保护室、蓄电池室、通信室、计算机室、自动装置室、变压器室、配电装置室、检修、试验工作场所、电缆夹层、竖井、隧道入口、易燃易爆品存放点、油库（油处理室）、加油站等处
禁止带火种	禁止带火种	油库（油处理室）、易燃易爆品存放点等处
禁止用水灭火	禁止用水灭火	变压器室、配电装置室、继电保护室、通信室、SFC 装置室、自动装置室、油库等处（有隔离油源设施的室内油浸设备除外）
禁止跨越	禁止跨越	不允许跨越的深坑（沟）、安全遮栏（围栏、护栏、围网）等处

续表

图形标志示例	名称	设置范围和地点
禁止攀登	禁止攀登	不允许攀爬的危险地点，如有坍塌危险的建筑物、构筑物、设备等处
禁止倚靠	禁止倚靠	不允许倚靠的安全遮栏（围栏、护栏、围网）等处
禁止攀登 高压危险	禁止攀登　高压危险	高压配电装置构架、变压器、电抗器等设备的爬梯上，线路杆塔下部，距地面约3m处
禁止停留	禁止停留	对人员可能造成危害的场所，如高处作业现场、吊装作业现场等处
未经许可 禁止入内	未经许可　禁止入内	易造成事故或人员伤害的场所入口处，如高压设备室入口、消防泵室、雨淋阀室等处

续表

图形标志示例	名称	设置范围和地点
	禁止通行	有危险的作业区域入口或安全遮栏等处，如起重、爆破作业现场
	泄洪时禁止通行	泄洪道两侧入口
	禁止通行　施工现场	工作场所防止外人进入或通过
	禁止使用雨伞	户外变电站(含开关站、升压站，下同)、出线构架的附近
	禁止游泳	禁止游泳的区域,如水库、水渠、下游河道沿岸等处

续表

图形标志示例	名称	设置范围和地点
	禁止取土	大坝及库岸、厂内道路边坡、线路保护区内杆塔、拉线附近适宜位置
	禁止开挖　下有电缆	禁止开挖的地下电缆线路保护区内
	禁止开启无线移动通信设备	易发生火灾、爆炸场所以及可能产生电磁干扰的场所，如继电保护室、自动装置室和加油站、油库以及其他需要禁止使用的地方
	禁止戴手套	钻床、车床、铣床等机加工设备旁醒目位置
	禁止穿带钉鞋	有静电火花会导致灾害或有触电危险的作业场所，如油库等

续表

图形标志示例	名称	设置范围和地点
禁止穿化纤衣服	禁止穿化纤衣服	设备区入口、电气检修试验、焊接及有易燃易爆物质的场所等处
禁止乘人	禁止乘人	乘人易造成伤害的设施，如室外运输吊篮，禁止乘人的升降吊笼、升降机入口门旁，外操作的载货电梯框架等
禁止锁闭	禁止锁闭	逃生通道、紧急出口等禁止锁闭的门上
禁止合闸 有人工作	禁止合闸 有人工作	一经合闸即可送电到施工设备的断路器（开关）和隔离开关（刀闸）操作把手上等处
禁止合闸 线路有人工作	禁止合闸 线路有人工作	线路断路器（开关）和隔离开关（刀闸）操作把手上

续表

图形标志示例	名称	设置范围和地点
禁止分闸	禁止分闸	接地开关与检修设备之间的断路器（开关）操作把手上，以及其他禁止关断电源的地点
禁止操作 有人工作	禁止操作　有人工作	一经操作即可送压、建压或使设备转动的隔离设备的操作把手、控制按钮、启动按钮上
禁止捕鱼	禁止捕鱼	水库、下游河道沿岸

2. 警告标志牌

（1）警告标志牌的基本型式是一长方形衬底牌，上方是警告标志（正三角形边框），下方是文字辅助标志（矩形边框）。图形上、中、下间隙相等，左、右间隙相等。

（2）警告标志牌长方形衬底色为白色，正三角形边框底色为黄色，边框及标志符号为黑色，文字辅助标志为白底黑框黑字、黑体字，字号根据标志牌尺寸、字数调整。

（3）常用警告标志及设置规范，见表 1-2。

表 1-2 常用警告标志及设置规范

图形标志示例	名称	设置范围和地点
	注意安全	易造成人员伤害的场所及设备等处
	当心触电	有可能发生触电危险的电气设备和线路，如变电站、出线场、配电装置室、变压器室等入口，开关柜，变压器柜，临时电源配电箱门，检修电源箱门等处
	止步　高压危险	带电设备固定围栏上、室外带电设备构架上、高压试验地点安全围栏上、因高压危险禁止通行的过道上、工作地点临近带电设备的安全围栏上、工作地点临近带电设备的横梁上等处
	止步　危险	一旦前进或进入就可能对人身造成伤害或影响设备正常运行的场所
	注意通风	易造成人员窒息或有害物质聚集的场所。如SF_6装置室、蓄电池室、油化验室、电缆夹层、电缆隧道入口、长期封闭的沟渠孔洞入口等

续表

图形标志示例	名称	设置范围和地点
当心火灾	当心火灾	易发生火灾的危险场所，如电气检修试验、焊接、仓库、档案室及有易燃易爆物质的场所
当心爆炸	当心爆炸	易发生爆炸危险的场所，如易燃易爆物质的使用或受压容器等场所
当心中毒	当心中毒	会产生有毒物质场所，如 SF_6 断路器室、GIS 室入口
当心电缆	当心电缆	暴露的电缆或地面下有电缆处施工的地点
当心机械伤人	当心机械伤人	易发生机械卷入、轧压、碾压、剪切等机械伤害的作业地点

图形标志示例	名称	设置范围和地点
当心扎脚	当心扎脚	易造成脚部伤害的作业地点，如施工工地及有尖角散料等处
当心吊物	当心吊物	有吊装设备作业的场所，如施工工地等处
当心坠落	当心坠落	易发生坠落事故的作业地点，如脚手架、高处平台、地面的深沟（池、槽）等处
当心落物	当心落物	易发生落物危险的地点，如高处作业、立体交叉作业的下方等处
当心落水	当心落水	落水后可能产生淹溺的场所或部位，如上下水库、消防水池等

图形标志示例	名称	设置范围和地点
当心塌方	当心塌方	有塌方危险的区域，如堤坝、边坡及土方作业的深坑、深槽等处
当心电磁辐射	当心电磁辐射	产生辐射危害的场所，如射线探伤场所

3．指令标志牌

（1）指令标志牌的基本型式是一长方形衬底牌，上方是指令标志（圆形边框），下方是文字辅助标志（矩形边框）。图形上、中、下间隙相等，左、右间隙相等。

（2）指令标志牌长方形衬底色为白色，圆形边框底色为蓝色，标志符号为白色，文字辅助标志为蓝底白字、黑体字，字号根据标志牌尺寸、字数调整。

（3）常用指令标志及设置规范，见表 1-3。

表 1-3　　　　　　　　常用指令标志及设置规范

图形标志示例	名称	设置范围和地点
必须戴安全帽	必须戴安全帽	生产现场入口处

续表

图形标志示例	名称	设置范围和地点
	必须系安全带	易发生坠落危险的作业场所，如高处建筑、检修、安装等处
	必须戴防护眼镜	对眼睛有伤害的作业场所，如机械加工等处
	必须戴防尘口罩	具有粉尘的作业场所，如打磨作业、粉状物料拌料等作业场所
	必须戴防护帽	易造成人体碾绕伤害或有粉尘污染头部的作业场所，如旋转设备场所、加工车间入口等处
	必须戴护耳器	噪声超过 85dB 的作业场所

续表

图形标志示例	名称	设置范围和地点
必须戴防护手套	必须戴防护手套	易伤害手部的作业场所，如具有腐蚀、污染、灼烫、冰冻及触电危险的作业等处
必须穿防护鞋	必须穿防护鞋	易伤害脚部的作业场所，如具有腐蚀、灼烫、触电、砸（刺）伤等危险的作业地点
必须穿救生衣	必须穿救生衣	易发生溺水的作业场所，如船舶、库岸维护
必须穿防护服	必须穿防护服	具有放射、微波、高温及其他需防护服的作业场所，如电气焊等

4. 提示标志牌

（1）提示标志牌的基本型式是一正方形衬底牌和相应标志符号、文字，四周间隙相等。

（2）提示标志牌衬底色为绿色，标志符号为白色，文字为黑色（白色）黑体字，字号根据标志牌尺寸、字数调整。

（3）常用提示标志及设置规范，见表 1-4。

表 1-4 　　　　　　　　常用提示标志及设置规范

图形标志示例	名称	设置范围和地点
在此工作	在此工作	工作地点或检修设备上
从此上下	从此上下	工作人员可以上下的铁（构）架、爬梯上
从此进出	从此进出	工作地点遮栏的出入口处
进出请登记	进出请登记	检修时悬挂在受限空间入口处，如压力钢管、蜗壳、尾水管、引水隧道、发电机风洞等
220kV 设备不停电时的安全距离 3.00 米	安全距离	根据不同电压等级标示出人体与带电体最小安全距离，设置在设备区入口处

5．交通标志牌

（1）厂内交通标志包括禁令标志、警告标志和指示标志。

（2）常用交通标志及设置规范，见表1-5。

表 1-5　　　　　　　　常用交通标志及设置规范

图形标志示例	名称	设置范围和地点
	限制高度	有高度限制的位置，高度可根据道路交通情况选择
	限制宽度	最大容许宽度受限制的地方，宽度可根据道路情况选择
	限制质量	桥梁附近，质量可根据道路交通情况选择
	限制速度	有限速要求的位置，速度可根据道路交通情况选择

续表

图形标志示例	名称	设置范围和地点
	停车检查	电厂大门、进厂交通洞入口等需要机动车停车受检的地点
	禁止驶入	禁止驶入的路段入口或单行路的出口处
	禁止机动车通行	禁止机动车通行的地方
	未经许可船只禁止入内	大坝管理保护区上游边界两侧及进出水口附近适当位置
	注意行人	人行横道线两端的适当位置

续表

图形标志示例	名称	设置范围和地点
	连续弯路	计算行车速度小于 60km/h，连续有三个或三个以上小于道路技术标准规定的一般最小半径的反向平曲线，且各曲线间的距离等于或小于最短缓和曲线长度或超高缓和段长度的连续弯路起点的外面；当弯路总长度大于 500m 时，应重复配置
	陡坡	设在纵坡度在 7% 的陡坡道路前适当位置
	慢行	前方需要减速慢行路段以前的适当位置
	施工	一般作为临时标志，设置在施工路段以前的适当位置

续表

图形标志示例	名称	设置范围和地点
	当心落石	易发生落石处
	直行标志	提示直行的路口以前的适当位置
	向左（向右）转弯	提示向左（向右）转弯的路口以前的适当位置
	线形诱导	有需要引导驾驶员转弯行驶的位置（如厂区内施工现场），用支架架起，下边缘距地面 1200 ~ 1500mm

续表

图形标志示例	名称	设置范围和地点
	靠左行驶	通航建筑物引航道入口处
	靠右行驶	通航建筑物引航道入口处

6．消防、应急安全标志牌

（1）消防安全标志按照主题内容与适用范围，分为火灾报警及灭火设备标志、火灾疏散途径标志和方向辅助标志，其设置场所、原则、要求和方法等应符合 GB 13495.1《消防安全标志　第 1 部分：标志》、GB 15630《消防安全标志设置要求》的规定。

（2）生产场所应有逃生路线的标志，疏散通道中"紧急出口"标志宜设置在通道两侧及拐弯处的墙面上，疏散通道出口处"紧急出口"标志应设置在门框边缘或门的上部。方向辅助标志应与其他标志配合使用。

（3）常用消防、应急安全标志及设置规范，见表 1-6。

表 1-6 常用消防、应急安全标志及设置规范

图形标志示例	名称	设置范围和地点
	消防手动启动器	根据现场环境，设置在适宜、醒目的位置
	发声警报器	依据现场环境，配置在适宜、醒目的位置
	火警电话	根据现场环境，设置在适宜、醒目的位置
	消火栓箱	生产场所构筑物内的消火栓处
	灭火器箱	灭火器箱前面部示范：灭火器箱、火警电话、厂内火警电话、编号等字样
	地上消火栓	距离地上消火栓 1m 的范围内，不得影响消火栓的使用

续表

图形标志示例	名称	设置范围和地点
	地下消火栓	距离地下消火栓1m的范围内，不得影响消火栓的使用
	灭火器	灭火器、灭火器箱的上方或存放灭火器、灭火器箱的通道上
	消防水带	指示消防水带、软管卷盘或消防栓箱的位置
	灭火设备或报警装置的方向	指示灭火设备或报警装置的方向
	消防自动喷淋设施及自动报警系统标志	自动消防设施及报警系统的适当位置标明检查内容及操作说明
	正压式消防空气呼吸器标志	正压式消防空气呼吸器附近的醒目位置
	消防水池	消防水池附近醒目位置，并应编号

续表

图形标志示例	名称	设置范围和地点
2 号消防沙箱	消防沙池（箱）	消防沙池（箱）附近醒目位置，并应编号
2 号防火墙	防火墙	电缆沟（槽）进入中央控制室、继电保护室处和分接处、电缆沟每间隔约 60m 处应设防火墙，将盖板涂成红色，标明"防火墙"字样，并应编号
防火重点部位 名称： 责任部门： 责任人：	防火重点部位	有重大火灾危险的部位。标明防火重点部位的名称、责任人信息
← ↙	疏散通道方向	指示到紧急出口的方向。用于电缆隧道指向最近出口处
紧急出口	紧急出口	便于安全疏散的紧急出口处，与方向箭头结合设在通向紧急出口的通道、楼梯口等处
急救药箱	急救药箱	在急救药箱摆放处

续表

图形标志示例	名称	设置范围和地点
	应急避难场所 （紧急集合点）	在发生突发事件时用于容纳和集合危险区域内疏散人员的场所

三、电力生产现场常见人身事故

1. 触电

触电指电流流经人身造成的生理伤害，主要包括对人肌体烧伤、组织分解、神经损伤伤害。

（1）触电伤害的表现。

1）电击。指电流通过人体内部，对内部组织所造成的伤害。包括直接电击和间接电击。

2）电伤。指电流对人体外部造成的局部伤害。

（2）触电伤害的影响因素。

1）通过人体电流的大小。通过人体电流越大，人体生理反应越强烈，病理状态越严重，致命的时间就越短。

2）电流的种类：电流可分为直流电、交流电。交流电可分为工频电物高频电。这些电流对人体都有伤害，但伤害程度不同。人体忍受直流电、高频电的能力比工频电强。所以工频电对人体的危害最大。

3）通电时间的长短。电流通过人体的时间越长后果越严重，这是因为时间越长时，人体的电阻就会降低，电流就会增大。同时人的心脏每收缩、扩张一次，蹭有 0.1s 的间隙期。在这个间隙期内，人体对电流作用最敏感。所以触电时间越长与这个间隙期重合的次数就越多，从而造成的危险也就越大。

4）触电者的健康状况：电击的后果与触电者的健康状况有关。根据实践资料统计，认为男性比女性摆脱电流的能力强。电击对患有心脏病、肺病、内分泌失调及精神病等患者最危险。他们的触电残废率最高。另外，对触电有心理准备的，触电伤害轻。

5）电流通过人体物途径。当电流通过人体的内部重要器官时，后果就严重。例如，通过头部，会破坏脑神经，使人残废；通过脊髓，就破坏中枢神经，使人瘫痪；通过肺部会使人呼吸困难；通过心脏，会引起心脏颤动或停止跳动而死亡。电流流经人体不同部位所造成的伤害中，以对心脏的伤害为最严重。最危险的途径是：从左手→胸部（心脏）→右脚（见图 1-38）。

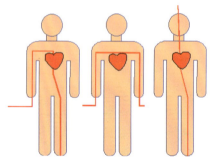

图 1-38　电流途径

（3）触电的方式。

触电包括在生产作业场所发生的直接、间接、静电、感应电、雷电、跨步电压等方式。

1）单相触电。单相触电是指人体站在地面或其他接地体上，人体的某一部位触及一相带电体，电流从带电体经人体到大地（或零线）形成回路。这种触电叫单相触电（见图 1-39）。

图 1-39　单相触电

2）两相触电。人体的不同部位同时接触两相电源带电体而引起的触电叫两相触电，（见图 1-40）。这种触电无论电网中性点是否接地，人体与地是否绝缘，人体都会触电，触电危害性最大。

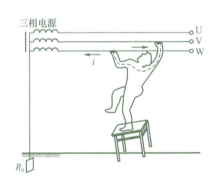

图 1-40　两相触电

3）跨步电压触电。接地电流就会从接地体或导线落地点以半球形向大地流散，距电流入地点的距离越近，电位越高；距电流入地点的距离越远，电位越低，在电流入地点 20m 以外，地面电位近似为零（见图 1-41）。

4）接触电压触电。接触电压触电是指人站在发生接地短路故障设备的旁边，触及漏电设备外壳时，其手和脚之间承受的电压。由于接触电压而引起的触电称接触电压触电。接触电压 U_j 的大小与人体站立点的位置有关（见图 1-41）。

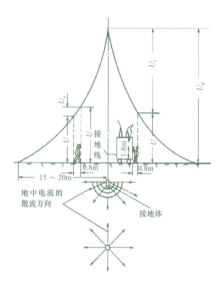

图 1-41　跨步电压触电及接触电压触电

2. 高处坠落

高处坠落指由于危险重力势能差所引起的伤害。主要指高处作业所发生的坠落，也适用于高出地面的平台陡壁作业及地面失足坠入孔、坑、沟、升降口、料斗等坠落事故。

3. 机械伤害

机械伤害主要指机械设备运动（静止）部件、工具、加工件直接与人体接触引起的夹击、碰撞、剪切、卷入、绞、碾、割、刺等形式的伤害。各类转动机械的外露传动部分（如齿轮、轴、履带等）和往复运动部分都有可能对人体造成机械伤害。

4．物体打击

物体打击指物体在重力或其他外力的作用下产生运动，打击人体而造成人身伤亡事故。

5．车辆伤害

车辆伤害指企业机动车辆在行驶中引起的人体坠落和物体倒塌、飞落、挤压造成的伤亡事故。

6．起重伤害

起重伤害指各种超重作业（包括起重机安装、检修、试验）中发生的挤压、坠落、物体（吊具、吊重物）、打击等造成的伤害。

7．灼烫

灼烫指火焰烧伤、高温物体烫伤、化学灼伤（酸、碱、盐、有机物引起的体内外灼伤）、物理灼伤（光、放射性物质引起的体内外灼伤），不包括电灼伤和火灾引起的烧伤。

8．化学性爆炸

化学性爆炸事故是指可燃气体、粉尘等与空气混合形成爆炸性混合物，接触引爆能源时发生的爆炸事故。

9．物理性爆炸

如压力容器爆炸等爆炸事故。

10．中毒和窒息

在生产条件下，毒物进入机体与体液，细胞结构发生生化或生物物理变化，扰乱或破坏机体的正常生理功能。指中毒、缺氧窒息、中毒窒息等。

11．火灾

企业中发生的在时间和空间上失去控制的燃烧所造成的人身伤害。火灾中对人的危害主要有：

（1）缺氧。人由于缺氧，造成窒息死亡。

（2）烧伤。人体与火焰直接接触或间接热辐射会对人体皮肤造成严重的危害。

（3）高温。高温会引起人热虚脱、呼吸不畅，严重时危及生命。

（4）毒气。有毒气体危害呼吸器官和感觉器官，使人窒息、昏迷，甚至死亡。

12．道路交通事故

凡职工（含司机及乘车职工）在从事与电力生产有关的工作中，发生的由公安机关调查处理的道路交通事故，且在《道路交通事故责任认定书》中判定本方负有"同等责任""主要责任"或"全部责任"，则本企业职工伤亡人员作为电力生产事故。

四、组织技术措施

Q/GDW 1799.1—2013《国家电网公司电力安全工作规程　变

电部分》中规定，保证安全的组织措施和技术措施如下：

1. 组织措施

（1）现场勘查制度。

（2）工作票制度。

（3）工作许可制度。

（4）工作监护制度。

（5）工作间断、转移和终结制度。

2．技术措施

（1）停电。

（2）验电。

（3）接地。

（4）悬挂标示牌和装设遮栏（围栏）。

停电

验电

接地

悬挂标识牌和装设遮栏

五、安全防护

1．屏护与间距

（1）屏护。

屏护安全措施是指采用遮栏、护罩、护盖、箱匣等设备，把带电体同外界隔绝开来，防止人体触及或接近带电体，以避免触电或电弧伤人等事故的发生。屏护装置根据其使用时间分为两种：一种是永久性屏护装置，如配电装置的遮栏、母线的护网等；另一种是临时性屏护装置，通常指在检修工作中使用的临时遮栏等。屏护装置主要用在防护式开关电器的可动部分和高压设备上。为防止伤亡事故的发生，屏护安全措施应与其他安全措施配合使用。

（2）间距。

人与带电体、带电体与带电体、带电体与地面（水面）、带电体与其他设施之间需保持的最小距离，又称安全净距、安全间距。安全距离应保证在各种可能的最大工作电压或过电压的作用下，不发生闪络放电，还应保证工作人员对电气设备巡视、操作、维护和检修时的绝对安全。各类安全距离在国家颁布的有关规程中均有规定。当实际距离大于安全距离时，人体及设备才安全。安全距离既用于防止人体触及或过分接近带电体而发生触电，也用于防止车辆等物体碰撞或过分接近带电体以及带电体之间发生放电和短路而引起火灾和电气事故。安全距离分为线路安全距离、变配电设备安全距离和检修安全距离。

2. 保护接地与接零

（1）保护接地。

为防止人身因电气设备绝缘损坏而遭受触电，将电气设备的金属外壳、配电装置的金属构架等与接地体连接起来，称为保护接地。

采用保护接地后，可使人体触及漏电设备时的接触电压明显降低。但是仅能减轻触电的危险程度，不能完全保证人身安全，所以保护接地只适用于中性点不接地的低压电网中。

1）中性点不接地系统的保护接地（IT 系统），见图 1-42（a）。

无接地若碰壳，人体承受相电压，只有人体电阻，流过人体电流大。有接地若碰壳，人体承受相电压，人体电阻和接地体电阻并联，流过人体电流小。

2）中性点直接接地系统的保护接地（TT 系统），见图 1-42（b）。

无接地若碰壳，人体承受相电压，只有人体电阻，流过人体电流大。有接地若碰壳，人体承受相电压，人体电阻和接地体电阻并联，流过人体电流较小，但超过安全电流或电压；过流保护装置不动做，但不能保证安全，应装设漏电保护器。

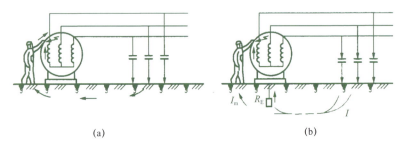

(a)　　　　　　(b)

图 1-42　保护接地

（a）中性点不接地系统的保护接地；（b）中性点直接接地系统的保护接地

（2）保护接零。

所谓保护接零就是把电气设备金属外壳与电网的零线（变压器接地的中性线）相连接。三相四线制系统目前广泛采用保护接零作为防止间接触电的技术措施。

（3）零线重复接地。

为了防止接地中性线断线而失去接零的保护作用，需要将零线每隔一段距离而进行数点接地，见图 1-43。

注意：保护接地与保护接零切不可混用。在由同一台配电变压器或同一段母线供电的低压配电系统内，只应选择采用同一种保护方式：或者全部采用保护接地，或者全部采用保护接零。而不能同时采用保护接地和保护按零这两种不同的方式。如果同时采用了接地与接零两种保护方式当实行保护接地的设备（如 M2）万一发生了碰壳故障，则零线的对地电压将会升高到电源相电压的一半或更高。

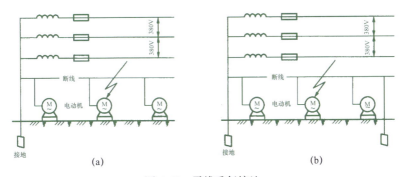

图 1-43　零线重复接地

（a）没有采取零线重复接地；（b）采取零线重复接地

3. 漏电保护

剩余电流动作保护器（又称漏电开关、触电保安器等），是一种在规定条件下，当漏电电流达到或超过给定值时，便能自动断开电路的一种机械式开关电器或组合电器。

漏电保护的作用：一是电气设备（或线路）发生漏电或接地故障时，能在人尚未触及之前就把电源切断；二是当人体触及带电体时，能在极短的时间内切断电源，从而减轻电流对人体的伤害程度。此外，还可以防止漏电引起的火灾事故。漏电保护作为防止低压触电伤亡事故的后备保护，已被广泛地应用在低压配电系统中。

4．机械安全防护

为了使机械设备在使用中保证安全，特加装了不同类型的安全防护装置。安全防护装置常用的有以下几种：

（1）固定安全防护装置。能防止操作人员接触机器危险部件，装置的有效性取决于其固定的方法和开口的尺寸，以及在其开启后距离危险点有足够的距离。固定安全防护装置只有用螺钉旋具扳手等专用工具才能拆卸。

（2）连锁安全装置。只有安全装置关合后，并得到确认，机器才能运转；而只有机械设备最危险的部件停止运动后，并得到确认，安全装置才能开启，从而使操作人员没有机会接触到危险部件或暴露在危险之中。连锁安全装置可采取机械、电气、液压、气动、光电等形式。例如，利用光电作用，人手进入冲压危险区，冲压动作立即停止。

（3）控制安全装置。为使机械能迅速地停止运动，可以使用控制安全装置。控制安全装置的原理是，只有控制安全装置完全闭合时，机器才能开动。当操作人员接通控制安全装置后，机器的运行程序才开始工作；如果控制安全装置断开，机器的运动就会迅速停止或者反转。通常在一个控制系统中，控制安全装置在机器运转时，不会锁定在闭合的状态。

（4）隔离安全装置。该装置是一种阻止身体的任何部分靠近危险区域的设施，例如固定的栅栏等。

（5）跳闸安全装置。其作用是在操作到危险点之前，自动使机器停止或反向运动。该类装置依赖于敏感的跳闸机构，同时也有赖于机器能够迅速停止。

（6）双手控制安全装置。这种装置迫使操作者应用两只手来操纵控制器，它仅能对操作者提供保护。

六、现场应急处置

1. 触电急救

（1）发现有人触电后，首先使触电人迅速脱离电源。其方法：对低压触电，可采用"拉""切""挑""拽""垫"的方法，拉开或切断电源，操作中应注意避免人救护人触电，应使用干燥绝缘的利器或物件，完成切断电源或使触电人与电源隔离；对于高压触电，则应采取通知供电部门，使触电电路停电，或用电压等级相符的绝缘拉杆拉开跌落式熔断器切断电路。或采取使线路短路造成跳闸断开电路的方法。也要注意救护人安全，防止跨步电压触电。触电人在高处触电，要注意防止落下跌伤。

（2）对呼吸和心跳停止者，应立即进行口对口的人工呼吸和心脏胸外挤压，直至呼吸和心跳恢复为止。如呼吸不恢复，人工呼吸至少应坚持4小时或出现尸僵和尸斑时方可放弃抢救。有条件时直接给予氧气吸入更佳。

（3）可在就地抢救的同时，尽快呼叫医务人员或向有关医疗单位求援。

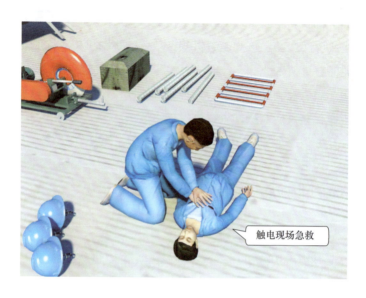

触电现场急救

2. 电气装置火灾防护与逃生

电气装置火灾有两个不同于其他火灾的特点：其一是着火的电气设备可能是带电的，扑救时要防止人员触电；其二是充油电气设备着火后可能发生喷油或爆炸，造成火势蔓延。因此，在进行电气灭火时应根据起火场所和电气装置的具体情况，采取必要的安全措施。

（1）先断电后灭火。发生电气装置火灾时，应先切断电源，而后再扑救。切断电源时应注意以下安全事项：

1）应遵照规定的操作程序拉闸，切忌在忙乱中带负荷拉隔离开关。高压停电应先拉开断路器而后拉开隔离开关；低压停电应先拉开自动开关而后再拉开隔离开关；电动机停电应先按停止按钮释放接触器或磁力起动器而后再拉开隔离开关，以免引起弧光短路。由于烟熏火燎，开关设备的绝缘能力会下降，因此，操作时应注意自身的安全。在操作高压断路器时，操作者应戴绝缘手套和穿绝缘靴；操作低压开关时，亦应尽可能使用绝缘工具。

2）剪断电线时应使用绝缘手柄完好的电工钳；非同相导线或火线和零线应分别在不同部位剪断，以防在钳口处发生短路。剪断点应选择在靠电源方向有绝缘支持物的附近，防止被剪断的导线落地后触及人体或短路。

3）如果需要电力部门切断电源，应迅速用电话联系。

4）断电范围不宜过大，如果是夜间救火，要考虑断电后的临时照明问题。切断电源后，电气火灾可按一般性火灾组织人员扑救，同时向公安消防部门报警。

（2）带电灭火的安全要求。发生电气火灾，一般应设法断电。如果情况十分危急或无断电条件。为防止人身触电，带电灭火应注意以下安全要求：

1）因为可能发生接地故障，为防止跨步电压和接触电压触电，救火人员及所使用的消防器材与接地故障点要保持足够的安全距离：在高压室内距离为4m；室外为8m。进入上述范围的救火人员要穿上绝缘靴。

2）带电灭火应使用不导电的灭火剂，例如二氧化碳、四氯化碳、1211和干粉灭火剂。不得使用泡沫灭火剂和喷射水流类导电性灭火剂。灭火器喷嘴离10kV带电体不应小于0.4m。

3）允许采用泄漏电流小的喷雾水枪带电灭火。要求救火人员穿上绝缘靴，戴上绝缘手套操作。

4）对架空线路或空中电气设备进行灭火时，人体位置与带电体之间的仰角不应超过45°，以防止导线断落威胁灭火人员的安全。

5）如遇带电导线断落地面，应划出半径约 8~10m 的警戒区，以避免跨步电压触电。

（3）充油电气设备的灭火要求。变压器、断路器等充油电气设备着火时，有较大的危险性。如只是设备外部着火，且火势较小，可用除泡沫灭火器外的灭火器带电扑救。如火势较大，应立即切断电源进行扑救（断电后允许用水灭火）。

旋转电机着火时，为防止转轴和轴承变形，可边盘动边灭火。可用喷雾水、二氧化碳灭火，但不宜用泥沙、干粉灭火，以免砂土落入内部，损坏机件。

电缆灭火时，应佩戴正压式空气呼吸器以防中毒和窒息。

3. 煤气中毒现场急救

（1）立即打开门窗，移病人于通风良好、空气新鲜的地方，注意保暖。查找煤气漏泄的原因，排除隐患。

（2）松解衣扣，保持呼吸道通畅，清除口鼻分泌物，如发现呼吸骤停，应立即行口对口人工呼吸，并做出心脏体外按摩。

（3）立即进行针刺治疗，取穴为太阳、列缺、人中、少商、十宣、合谷、涌泉、足三里等。轻、中度中毒者，针刺后可以逐渐苏醒。

（4）立即给氧，有条件应立即转医院高压氧舱室作高压氧治疗，尤适用于中、重型煤气中毒患者，不仅可使病者苏醒，还可使后遗症减少。

（5）立即静脉注射50%葡萄糖液50mL，加维生素C500~1000mg。轻、中型病人可连用2天，每天1~2次，不仅能补充能量，而且有脱水之功，早期应用可预防或减轻脑水肿。

（6）昏迷者按昏迷病人的处理进行。

七、事故案例分析

[案例1]　**某变电所执行电容器组停役检修操作，操作人员带负荷拉隔离开关（刀闸），导致大量失电**

1．事件经过

××××年××月××日8时39分，某电业局运行工区联合运行一班当值人员在110kV某变电所执行电容器组停役检修操作过程中，由于安全思想淡漠、工作责任心极差，发生了一起带负荷拉隔离开关（刀闸）的恶性误操作事故。期间1号主变压器低压后备保护正确动作，跳开1号主变压器10kV断路器（开关）切除故障，导致10kV Ⅰ段母线失电，共损失电量12000kWh。

运行工区联合运行一班当值值班员徐某和闻某，根据××变压器1号电容器A相电抗器接头发热处理检修计划，拟在23日将变压器1号电容器改为检修状态。当值人员携带预令操作票于8时15分到达变电所，并做好接令、操作准备工作。8时24分区调下令：××变压器1号电容器由热备用改为电容器检修。

操作人接到监护人发给的操作令后，将操作票内容输入计算机防误装置，随即开始操作。8时39分，当操作到第三步"拉开变压器1号电容器隔离开关（刀闸）"时，因断路器实际处于运行状态，带负荷拉隔离开关（刀闸）的误操作事故发生了。此后，1号主变压器低压后备保护正确动作，跳开1号主变压器10kV断路器（开关）切除故障，使10kV Ⅰ段母线失电。

9时24分区调开始调整运行方式，将10kV Ⅰ段母线改为检修状态。12时21分全部操作完毕，其后许可检修人员进行检修。

19 时 50 分 10kV Ⅰ段母线恢复供电。经检查，事故造成变压器 1 号电容器闸刀弧光烧伤、10kV 母分 1 号闸刀弧光烧伤，闸刀支持绝缘子碎裂。

2．原因分析

（1）监护人徐某、操作人闻某安全思想淡漠、工作责任心极差，在将操作票内容输入计算机防误装置过程中，未对装置中变压器 1 号电容器的运行状态与后台监控机的设备状态进行认真核对。在以后的操作中，对"核对设备状态"和"检查变压器 1 号电容器开关确已断开"两操作步骤极其不负责任，始终想当然地以为设备的热备用状态是其操作的起始点，对"核对、检查"敷衍了事，对设备的状态视而不见，违章作业，是导致本次误操作的直接原因。违反《安规》5.3.6.2"现场开始操作前，应先在模拟图（或微机防误装置、微机监控装置）上进行核对性预演，无误后，再进行操作"。

（2）监护人徐某、操作人闻某倒闸操作流程执行不力，对操作中的"三核对"走过场，在操作过程中，严重违反规程规定，是本次误操作的主要原因。违反《安规》"操作前应先核对系统方式、设备名称、编号和位置，操作中应认真执行监护复诵制度……"

（3）当值班长工作不到位，未能履行自身工作职责。对操作任务执行交代不清，必要的安全注意事项未加关注，是本次误操作的次要原因。违反《安规》"工作前，对工作班成员进行工作任务、安全措施、技术措施交底和危险点告知，并确认每个工作班成员都已签名"。

[**案例 2**]　某电站清理脚手架上混凝土残渣等施工垃圾时，违规拆除脚手架，脚手架坍塌，施工人员死亡

1. 事件经过

××××年××月××日上午 7 时许，工程指挥所组织 2 名自聘施工人员和一分队的 9 名施工人员，一分队人员由陈某带领，开始对 1 号闸门井内脚手架上混凝土残渣等施工垃圾进行清理，同时对闸门井混凝土进行消缺。陈某为施工现场总负责人，祝某为一分队木工组组长，戴某、孙某等为木工组人员。8 时 30 分至 9 时期间，祝某带领戴某、孙某、高某及工程指挥所聘用人员孟某等 5 人在井底上数的第三、四层脚手架处工作，第五层及以上作业层面有夏某、祝某等 5 名员工在进行消缺、清扫等工作。第三层脚手架上有较多建筑垃圾，施工人员准备将建筑垃圾往上搬运至闸门井外部，为图方便，戴某拆除了脚手架第三层斜梯杆件（包括 2 根斜杆、10 根左右踏步小横杆，该斜杆作为上下斜梯受力杆也能起一定的架体剪刀撑作用，剪刀撑是防止脚手架纵向变形，增加脚手

架的整体刚度和稳定性），以便在竹排上锯洞，将建筑垃圾直接推至井底。祝某在发现戴某拆除脚手架斜梯杆件后，未采取任何补救措施，也未及时撤出人员。随后祝某向闸门井上层走。9 时 20 分左右，祝某接近井口时，1 号闸门井底部脚手架发生坍塌，造成 10 名人员被困。事故发生后，现场人员立即报告了工程指挥所、监理部和建设单位，建设单位向县人民政府报告。当地政府组成临时救援指挥中心。当天上午，有 7 名被困人员陆续获救，其中从井口处救出 5 人，从闸门井底部救出 2 人，并立即被送往医院检查。另有 3 人被困。直到 10 时 40 分许将夏某救出，至 16 时许和 16 时 20 分许分别将祝某、高某分别救出，经确认均已遇难。

2. 原因分析

（1）一分队施工人员戴某违规拆除脚手架第三层斜梯杆件，导致脚手架失稳；一分队安全员兼木工组组长祝某发现戴某的违规行为后，既未采取任何补救措施，也未及时撤出人员。违反《安规》"脚手架使用期间禁止擅自拆除剪力撑以及主节点处的纵横向水平杆、扫地杆、连墙杆"。

（2）脚手架专项方案存在较大安全隐患，对劳务分包队伍管理不到位，对自聘人员的三级安全教育培训不落实，员工未掌握必需的基本安全知识，存在违规操作现象；安全责任制未落实，未检查督促劳务分包单位落实安全责任；施工现场安全管理不到位，存在违规交叉作业现象，未能及时发现、消除安全隐患。祝某违反《安规》"发现安全隐患应妥善处理或向上级报告；发现直接危及人身安全、电网安全和设备安全的紧急情况时，应立即停止作业或采取必要的应急措施后撤离危险区域"。

[案例3] 某施工队人员因机组钻机故障，到仓库领取配件，行走中经过防渗井，坠落死亡

1. 事件经过

××××年××月××日白班，某施工队在右岸 2059m 高程灌浆洞帷幕施工，因 201 机组有一钻机发生故障，当班班长派武某某和宋某某两人到大队仓库领取配件。当天由于过坝交通洞内积水较深，穿高筒雨鞋无法通过，于是武某某和宋某某沿着过坝洞左侧的横排洞出去，但该洞被封堵未能过去，然后俩人返回又从过坝洞左侧灌浆廊道出去。通过该洞必须经过 F27 防渗井，该井已开挖到设计高程，井深为 30m，井口边仅有 30cm 高的围栏，当时洞内无照明，距井约 25m 处灌浆房内有人正在接灯，武某某和宋某某未等照明接好，仍继续前行，当武某某行走到井口边时被围栏绊倒，坠落井底（三天前此井有盖和栏杆封堵，因 ×× 公司施工而拆除）当场死亡。

2. 原因分析

（1）死者在洞内无照明的情况下，未等照明接好就冒险行走；×× 公司在竖井施工完毕后，未及时恢复井口盖板封堵，所设临时安全防护栏杆不符合安全要求。×× 公司违反《安规》16.1.2"变电站（生产厂房）内外工作场所的井、坑、孔、洞或沟道应覆以与地面齐平而坚固的盖板。在检修工作中如需将盖板取下，应设临时围栏"。

（2）临时打的孔、洞，施工结束后，应恢复原状；施工单位违反《安规》"高处作业区周围的孔洞、沟道等应设盖板、安全网或

围栏并有固定其位置的措施。同时，应设安全标志，夜间还应设红灯示警"；"工作场所的照明，应保持足够的亮度"。

[案例 4] **某施工队拆除尾水平台高架门机，工器具未按规定存放，掉落砸到人员，导致死亡**

1．事件经过

×××× 年 ×× 月 ×× 日 12 时左右，×× 施工队拆除尾水平台 2 号高架门机，焊工张某某在高架门机顶部平台使用割枪从事切割作业。由于来回移动割枪带，不慎将放在其身后的一把 4 磅重的木柄手锤从高度为 28m 的门机检修孔（孔径 110mm）扫落，砸在正从高架门机下经过的职工杨某某头部（安全帽砸一破洞）。事故发生后及时将伤者送往医院，经抢救无效死亡。

2．原因分析

（1）工器具未按规定存放，特别是 2 号高架门机处于交通路口，在过往行人较多的情况下，没有采取安全警戒和安全防护措施；焊工张某某安全意识差，在从事切割作业前没有按规定对现场进行详细检查和清理不安全物品。施工队违反《安规》"高处作业应使用工具袋。较大的工具应用绳拴在牢固的构件上，工件、边角余料应安置……"

（2）杨某某安全意识差，明知 2 号高架门机在拆除过程中，还冒险从门机下经过；×× 施工队现场管理不严，安全措施未落实。杨某某违反《安规》"在高处作业时，除有关人员外，不准他人在工作地点的下面通行或逗留，……"

[案例5]　**某变电站补装断路器合闸绕组和交流接触器，违反规程操作，触电死亡**

1. 事件经过

××××年××月××日，某35kV变电站为10kV126梁镇线路补装断路器合闸绕组和变流接触器。11时48分，该单位李某某、马某某及刘某某到达变电站后，李某某和该站张某到控制室，马某某、刘某某进入高压室，11时50分张某带上接地线到126梁镇线路断路器后网门处，用万能钥匙打开网门后，在挂隔离开关线路侧接地线时。只听"轰"的一声，张某触电倒在后网门处。马某某听到响声后，立即到控制室将10kV124柳桂湾线路断路器、1号主变压器3501断路器、2号主变压器3502断路器手动跳闸，又立即将触电者张某抬到控制室现场进行心肺复苏，随后迅速送往院，经抢救无效于12时30分死亡。

事故发生后，该单位安监人员迅速赶赴现场。经调查得知：梁镇线路断路器由于操作机构箱故障，早于一周前已转入冷备用，同时将126梁镇线路从1号杆T接于124柳桂湾线路1号杆。但由于124柳桂湾线路断路器带2条线路运行，故梁镇断路器线路侧隔离开关带电。

事故发生2天前，124柳桂湾线路先后2次跳闸，重合均失败，检查发现合闸绕组烧坏，交流接触器触点烧坏需更换。马某某便口授张某，柳桂湾线路运行转检修，梁镇线路冷备用转检修张某即操作。做好安全措施后，马、刘二人将梁镇线路断路器合闸绕组和接触器拆下安装到柳桂湾开关柜上，同时，马某某说完成之后需补裂梁镇线路断路器合闸绕组和交流接触器。

2．原因分析

（1）张某检修时违反规程，没有采取保证安全的组织措施即办理工作票；工作前没有采取安全技术措施。没有验电就挂接地线；李某玩忽职守，违章指挥张某操作带电设备。张某违反《安规》"在电气设备上工作，保证安全的组织措施。……工作票制度……"；张某违反《安规》"在电气设备上工作，保证安全的技术措施。……验电……"

（2）马某某安排检修工作不具体、不明确，违反相关安全规程，并未办理工作票。张某违反《安规》"在电气设备上工作，保证安全的组织措施……工作票制度……"

（3）马某某便口授张某，柳桂湾线路运行转检修，梁镇线路冷备用转检修张某即操作。违反《安规》"在元工作票的停电及安全措施范围内增加工作任务时，应由工作负责人征得工作票签发人和许可人同意，……"

［案例6］ 某水电厂维护部工作人员更换发电机层厂房顶灯，违章操作，高处坠落重伤

1．事件经过

××××年××月××日9时55分，某水电厂维护部主任陈某安排工作人员谷某和孟某更换右岸发电机层厂房顶灯，由谷某担任工作负责人。谷某开具了一张电气第二种工作票，在注意事项（安全措施）一栏内只写上了"注意人从高处掉落"的空洞交代，而未写明"必须使用安全带"的具体安全措施。工作票签发人陈某匆匆看了一眼，没有说什么就签了字。

谷某和孟某将发电机层三盏壁灯换好后，就直接爬到了发电机顶层开始处理顶灯。在处理第一盏灯时，谷某坐在用角钢焊成的吊顶架上，将脚放在吊顶的石膏板上。由于石膏板强度太弱，受力后断裂脱落，谷某一下失去重心，从 6m 多高的吊顶上掉落到发电机层，造成双手腕骨以上和左腿髌骨多处闭合性骨折。

2．原因分析

（1）工作负责人在工作票注意事项（安全措施）一栏内仅填写了"注意人从高空掉落"的空洞交代，而未写明"必须使用安全带"的具体安全措施；工作票签发人未加认真审核，就签发了工作票。安全意识也不强。工作负责人谷某违反《安规》"检查工作票所列安全措施是否正确完备，是否符合现场实际条件，必要时予以补充完善。"工作票签发人陈某违反《安规》"确认工作票所填安全措施是否正确完备"。

（2）安全教育力度不够，工作人员安全意识淡薄，高处作业时不使用安全带，违章冒险作业。谷某和孟某违反《安规》"凡在坠落高度基准面 2m 及以上的高处作业，都应是视作高处作业。高处作业或采取其他防止坠落的措施，方可进行"。

第二章

新员工三级安全教育

|||||||| **第一节 厂级安全教育** ||||||||||||

一、安全法制教育

介绍国家有关安全生产的方针、政策、法令、法规及有关安全生产的规定，讲解劳动保护的意义、任务、内容及基本要求，使新入厂人员树立"安全第一、预防为主"和"安全生产、人人有责"的思想。

（一）总则

（1）每一个新工人进了工厂，就是企业的一份子。使入厂的新职工明确安全生产的目的，了解安全生产相关法律法规，安全生产管理制度，明确其权利和义务，以及违法应承担的法律责任，是做好新工人安全教育的第一课。

（2）《安全生产法》明确规定："生产经营单位应当对从业人员进行安全教育和培训，保证从业人员具备必要的安全生产知识，熟悉有关的安全生产规章制度和安全操作规程，掌握本岗位的安全操作技能。未经安全生产教育和培训合格的人员，不得上岗操作。"

（二）厂级安全教育内容

厂级安全教育是对新入厂职工在分配工作之前进行的安全教育，主要内容为：安全生产方针政策、法律法规、本单位安全生产基本知识；本单位安全生产规章制度和劳动纪律；从业人员安全生产权利和义务；事故应急救援、事故应急预案演练及防范措施；有关事故案例等。

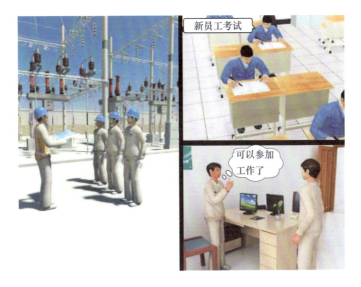

（1）安全生产的目的：就是通过采取安全技术、安全培训和安全管理等手段，防止和减少安全生产事故，从而保证人民群众安全、保护国家财产不受损失，促进社会经济发展。

（2）安全生产的意义：①安全为了自己，安全生产以人为本，是安全生产的首要任务，安全保证正常的生产秩序；②安全为了家庭；③安全为了企业；④安全为了国家，工伤事故造成重大人员伤亡，巨大经济损失及社会不稳定，影响国际声誉。

（三）安全教育的内容分类

从形式或内容可以分为：

（1）安全理念教育：建立正确的安全理念，树立安全第一的思想，树立安全就是效益的观点，树立以人为本的思想，树立事故是可以预防的观点；

（2）安全知识教育：包括每个职工都应具备的基本安全知识，以及本专业所使用的专业安全知识；

（3）安全技能教育：包括会操作、会维护、会处理一般故障，常见事故的紧急处理，现场急救技术等，规范工人的行为，养成良好的操作习惯，防止习惯性违章；

（4）安全案例教育：典型事故案例具有很好的警示作用和现实的指导意义，易为群众所接受。

（四）安全生产方针

"安全第一、预防为主、综合治理"，从思想上重视，把安全工作放在第一位，自觉遵守安全生产管理制度。利用各种手段防止事故，全过程综合治理，不能消极承受。

（五）企业安全生产相关的法律法规的主要相关条款

1.《国家电网公司电力安全工作规程》

需熟悉该电力安全工作规程（水电厂动力部分、变电部分、线路部分）中同自身岗位相关的内容。

（1）各类作业人员应被告知其作业现场和工作岗位存在的危险因素、防范措施及事故紧急处理措施。

（2）各类作业人员应接受相应的安全生产教育和岗位技能培训，经考试合格上岗。

（3）新参加工作的人员、实习人员和临时参加劳动的人员（管理人员、临时工等），应经过安全知识教育后，方可下现场参加指定的工作，并且不得单独工作。

2. 国家电网公司通用管理制度

对国家电网公司通用管理制度进行介绍，重点对《国家电网公司安全工作规定》《国家电网公司安全生产反违章工作管理办法》《国家电网公司安全工作奖惩规定》等安全制度进行梳理学习，让新员工了解三级制度体系（国家电网公司通用制度、国网新源控股有限公司管理手册、本单位执行手册）的建设。简要介绍如下：

（1）《国家电网公司安全工作规定》。

公司各级单位实行以各级行政正职为安全第一责任人的安全责任制，建立健全安全保证体系和安全监督体系，并充分发挥作用。公司各级单位应建立和完善安全风险管理体系、应急管理体系、事故调查体系，构建事前预防、事中控制、事后查处的工作机制，形成科学有效并持续改进的工作体系。公司各级单位应贯彻国家法律、法规和行业有关制度标准及其他规范性文件，补充完善安全管理规章制度和现场规程，使安全工作制度化、规范化、标准化。

（2）《国家电网公司安全工作奖惩规定》。

公司实行安全目标管理和以责论处的奖惩制度。对实现安全目标的单位和对安全工作做出突出贡献的个人予以表扬和奖励；按照职责管理范围，从规划设计、招标采购、施工验收、生产运行和教育培训等各个环节，对发生安全事故（事件）的单位及责任人进行责任追究和处罚；对事故单位党组（党委）书记按照一岗双责、同奖同罚的原则进行相应的处罚。

（3）《国家电网公司安全生产反违章工作管理办法》。

反违章工作是指企业在预防违章、查处违章、整治违章等过程中，在制度建设、培训教育、现场管理、监督检查、评价考核等方面开展的相关工作。公司反违章工作贯彻"落实责任，健全机制，查防结合，以防为主"的基本原则，建立健全行之有效的预防违章和查处违章工作机制，发挥安全保障体系和安全监督体系的共同作用，持续深入地开展反违章。

（4）《国家电网公司电力安全工器具管理规定》。

安全工器具管理遵循"谁主管、谁负责""谁使用、谁负责"的原则，落实资产全寿命周期管理要求，严格计划、采购、验收、检验、使用、保管、检查和报废等全过程管理，做到"安全可靠、合格有效"，安全工器具管理实行"归口管理、分级实施"的模式。

二、公司（厂）安全制度及规定

（一）公司（厂）安全规定

重点介绍本公司的部门机构设置，安全生产情况，包括企业发展过程中的重大节点（立项、批准、开工、投产、安全生产天数等）、公司安全生产特点如抽蓄在电网中的作用（调频调峰、应急事故备用、重要的风险等）。介绍公司的安全生产组织机构（安监机构的设置、三个体系的运行情况、安委会、三级安全网）及公司的主要安全生产规章制度等。其他企业的主要安全生产规章制度等。包括：管理标准、管理手册、执行手册等（管理手册主要有反违章工作监督管理手册，安全设施标准化建设管理手册，特种设备及特种作业人员安全监督管理手册，安全检查管理手册，安全技术劳动保护措施管理手册，应急预案管理手册，突发应急事件管理手册，安全例会管理手册，安全奖惩管理手册，行政正职评价管理手册，安全教育培训管理手册，质量监督管理手册，岗位安全资格认证管理手册等；执行手册包括两票相关执行手册、应急工作执行手册、到岗到位执行手册等）。简要介绍如下：

1.《国网新源控股有限公司安全例会管理手册》

公司至少每半年召开一次安全质量委员会会议，会议可结合当月月度例会召开，会议由公司总经理主持，全体安委会成员参加；各基层单位每季度召开一次安全质量委员会会议，会议由各单位安委会主任主持，全体安委会成员参加；会议分析安全生产形势，研究解决安全生产重大问题，安排部署重大安全生产工作，决策安全重大事项。

2.《国网新源控股有限公司安全检查管理手册》

安全检查是了解现场作业安全环境、安全生产制度执行、人员安全行为等实际情况，防控安全风险的有效手段。检查前，应明确目的与内容，对于常规和专项安全检查应制定检查方案（包括检查提纲或"安全检查表"），还应明确组织机构、检查要求、检查内容、检查方式、检查时间等。

3.《国网新源控股有限公司安全教育培训管理手册》

各单位生产人员，应接受安全生产教育培训，熟悉有关的安全生产规章制度和安全操作规程，掌握本岗位的安全操作技能。未经安全生产教育培训合格的生产人员，不得上岗作业。特种作业人员应按照国家有关规定，经过专门的安全作业培训，并取得特种作业操作资格证书后，方可上岗作业。证书（复印件）应随身携带，以备查验。

4.《国网新源控股有限公司生产人员岗位安全资格认证管理手册》

需参加安全资格认证的生产人员范围包括：生产（含检修公司）、基建单位分管安全生产（包括集体企业）的副总经理、总工程师；生产单位安全监察质量部、运维检修部，以及运行、维护、检修部门负责人和员工；基建单位安全监察质量部、工程部、机电部、运维检修部负责人和员工；其他直接与安全生产有关的管理人员和现场作业人员。

5.《国网新源控股有限公司反违章工作监督管理手册》

各生产单位各部门应每日开展违章自查，发现违章，制定整改措施并组织实施，整改后自检验收，建立《违章记录单》，对各类违章都应通过"教育、曝光、处罚、整改"四个步骤进行处理。按照"四不放过"的原则进行分析，在分析违章直接原因的同时，深入查找其背后的管理原因，确保责任落实到人，整改措施到位。对性质特别恶劣的违章、反复发生的同类性质违章，以及引发安全事件的违章，责任单位要到公司"说清楚"。

（二）安全管理制度

安全管理制度是指为贯彻落实《安全生产法》及其他安全生产法律、法规、标准，有效地保障职工在生产过程中的安全健康，保障企业财产不受损失而制定的安全管理规章制度。

1. 安全生产责任制

按照"一方针一原则"，安全生产责任制明确规定各企业负责人员（厂、车间、班组）、各职能部门及其工作人员和岗位生产工人在安全生产方面的职责。做到事事有人管、层层有专责、人人管安全。

（1）方针：安全第一，预防为主，综合治理。

（2）原则：管生产必须管安全、管业务必须管安全。

2. 安全检查制度

安全检查可以及时发现生产过程中存在的安全隐患、人员违章和管理缺失，以便及时纠正、整改，消除隐患、防止事故、改善劳动条件（作业环境）。

（1）日常性检查（由管理人员和车间、班组进行的日查、周查和月查）。

（2）各级管理部门开展的定期检查，各职能部门开展的专业检查，以及季节性检查和节假日前后进行的检查。

（3）班组安全检查。

安全检查的主要内容有：

（1）检查现场安全管理。①查现场有无脏、乱、差的现象；②查职工"两穿两戴"情况，以及有无违章违制现象发生；③查现场薄弱环节及重点部位的安全措施。

（2）查安全生产责任制的落实。

（3）查安全基础工作；职工的安全意识，班组的安全自主管理，安全教育，安全活动等。

（4）查现场设施设备（含消防器材）的安全状态，各级危险源点受控情况等。

（5）查事故隐患，跟踪检查隐患整改的"四定"落实情况。

（6）检查违章违制，各类事故的分析、登记、处理情况。

3．安全教育培训制度

《安全生产法》第二十一条规定："生产经营单位应当对从业人员进行安全生产教育和培训，保证从业人员具备必要的安全生产知识，熟悉有关的安全生产规章制度和安全生产操作规程，掌握本岗位的安全操作技能。未经安全生产教育和培训合格的从业人员不得上岗作业"。电工、焊割工、起重工、专用机动车司机等特种作业人员必须经过培训考核，取得特种作业人员操作证以后，才能从事相应工种的工作。

4．安全考核奖惩制度

通过对企业内各部门的安全工作进行全面的总结评比，奖励先进，惩处落后，充分调动职工遵章守纪的积极性，主动搞好安全工作。

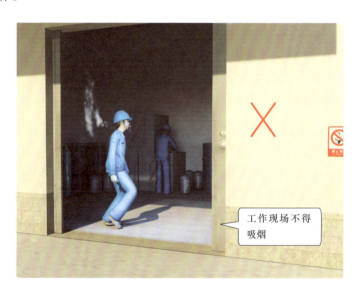

工作现场不得吸烟

5．生产中的安全活动及劳动纪律

操作前安全检查、操作规程和安全标准、设备定期维护、生产中监督管理、上班前不可饮酒和吃有麻醉作用的药；服装穿着得体；保证充足的休息和睡眠，工作时精力集中；工作时不可聊天或嬉戏打闹；工作中不可无故串岗；工作现场不得吸烟；不可人为破坏机器设备或其他物品；严格按照要求穿用防护用品。（应当体现"两票三制"和新源公司管理手册的执行）

三、安全生产基本知识

（一）新员工安全生产基本要求

作为一名新职工，首先自觉遵守各种安全规章制度，特别强调劳动纪律、操作规程和安全规程；其次要理解和支持安全管理人员的工作；再次自觉接受安全教育培训，主动学习安全知识，提高自我防范能力。

（二）应该掌握必要的安全生产常识

（1）要严格遵守安全管理规章制度、劳动纪律和安全操作规程。

（2）进作业场所必须穿戴好规定的劳动防护用品，特别是安全帽、工作服、安全鞋。

（3）正式作业前、班中、收班后要开展安全检查，发生事故隐患及时处理，不能处理的要及时上报。

（三）主要基本知识

1. 名词（术语）

（1）两票三制：两票指工作票、操作票；三制指交接班制、巡回检查制、设备定期试验轮换制。

（2）三违：违章指挥，违章操作，违反劳动纪律。

（3）四不放过：事故原因未查清不放过；事故责任人未受到处理不放过；事故责任人和应受教育者没有受到教育不放过；事故没有防范措施不放过。

（4）设备的双重名称：设备名称和编号。

（5）高处作业：凡在坠落高于基准面 2m 及以上的高处进行的作业。

（6）四不伤害：不伤害自己；不伤害别人；不被别人伤害；保护别人不被伤害。

2. 正确使用和佩戴劳动防护用品

（1）安全帽。

1）防护作用。防止物体打击伤害；防止高处坠落伤害头部；防止机械性损伤；防止污染毛发伤害。

2）使用注意事项。要有下颌带和后帽箍并拴系牢固，以防帽子滑落与碰掉；热塑性安全帽可用清水冲洗，不得用热水浸泡，不能放在暖气片上、火炉上烘烤，以防帽体变形；安全帽使用超过规定限值，或者受过较严重的冲击后，虽然肉眼看不到裂纹，也应予以更换。一般塑料安全帽使用期限为 2 年半；佩戴安全帽前，应检查各配件有无损坏，装配是否牢固，帽衬调节部分是否卡紧，绳带是否系紧等，确信各部件完好后方可使用。

（2）耳塞的使用和注意事项。佩戴泡沫塑料耳塞时，应将圆柱体援成锥形体后再塞入耳道，让塞体自行回弹，充满耳道。佩戴硅橡胶自行成型的耳塞，应分清左右塞，不能弄错；插入耳道时，要稍事转动放正位置，使之紧贴耳甲腔内。

（3）耳罩的使用和注意事项。使用耳罩时，应先检查罩壳有无裂纹和漏气现象，佩戴时应注意罩壳的方法，顺着耳廓的形状戴好。将连接弓架放在头顶适当位置，尽量使耳罩软垫圈与周围皮肤相互密合。如不合适时，应稍事移动耳罩或弓架，使调整到合适位置。

（4）绝缘鞋（靴）的使用及注意事项。应根据作业场所电压高低正确选用绝缘鞋，低压绝缘鞋禁止在高压电气设备上作为安全辅助用具使用，高压绝缘鞋（靴）可以作为高压和低压电气设备上辅助安全用具使用。但不论是穿低压或高压绝缘鞋（靴），均不得直接用手接触电气设备。布面绝缘鞋只能在干燥环境下使用，避免布面潮湿。在购买绝缘鞋（靴）时，应查验鞋上是否有绝缘永久标记，如红色闪电符号，鞋底有耐电压值等标示；鞋内是否有合格证，安全鉴定证，生产许可证编号等。

3. 安全色、安全线和安全标志

（1）安全色。红、蓝、黄、绿。红色表示禁止、停止的意思。黄色表示注意、警告的意思。蓝色表示指令、必须遵守的意思。绿色表示通行、安全和提供信息的意思。

（2）有关对比色的知识。对比色有黑白两种颜色，黄色安全色的对比色为黑色。红、蓝、绿安全色的对比色均为白色。而黑、白两色互为对比色。黑色用于安全标志的文字、图形符号、警告标志的几何图形和公共信息标志。

（3）安全线。工矿企业中用以划分安全区域与危险区域的分界线。厂房内安全通道的标示线，根据国家有关规定，安全线用白色，宽度不小于60mm。在生产过程中，有了安全线的标示，就能区分安全区域和危险区域，有利于我们对危险区域的认识和判断。

（4）安全标志分为禁止标志、警告标志、指令标志和提示标志四类。禁止标志是指不准或制止人们的某种行为，几何图形是带斜杠的圆环。颜色为红色，图形是黑色，背景是白色。警告标志是指使人们注意可能发生的危险，几何图形是正三角形。颜色为黑色，图形是黑色，背景是黄色。指令标志是必须遵守的意思，几何图形是圆形。颜色为黑色，图形是白色，背景为黄色。提示标志是指示注意目标的方向，几何图形是长方形。颜色为：图形文字是白色，背景是所提示的标志，用绿色。消防设备提示标志用红色。

4. 公司地下厂房主要风险及逃生应急措施简介

（1）主要工作风险：全厂停电、水淹厂房、火灾、浓烟、爆炸、烧烫伤、高处坠落、触电事故处理预案。

（2）可能职业病：噪声、电磁辐射、中毒。

（3）地下厂房紧急撤离须知：

1）处理原则。若确认水淹厂房，马上撤离。

2）注意事项。全厂停电、熟悉各不同部位撤离路线（副厂房、主变压器洞、安装场）、尽量不碰绝缘体、可能的话，通知其他人员一同撤离、禁止使用电梯逃生。

3）熟悉厂房特点（以泰山抽水蓄能电站为例）。地下厂房：主厂房从下往上（95层蜗壳层、水轮机层、发电机层），副厂房从下往上（高压气机室—128层）；主变压器洞，通道窄、管道复杂、孔洞多、设备复杂；危险：机、电、油、气。

4）熟悉逃生通道。经交通运输洞和通风兼安全洞。

5）地下厂房逃生原则。注意力集中，不可犹豫，优先考虑人身及自身安全，就近原则、发现来水优先考虑竖井。了解烟、水、火特点，有的放矢。可能的话，及时通知运行或相关人员。

5. 地下厂房作业须知

公司系统的水电站和抽水蓄能电站，各电网中承担重要的供电和调峰调频及事故备用任务，自动化程度高，任何未经允许的操作都有可能造成机组停机等巨大损失和影响，故在生产区域，严禁进行任何未经许可的任何操作的不安全行为。地下厂房作业须知：

（1）现场作业，必须严格在公司现场负责人（陪同人员）确定的工作区域及任务进行工作，严禁擅自扩大活动区域。

（2）地下厂房存在水淹厂房风险。一旦发生水淹厂房时，应跟从公司现场负责人（或陪同人员），马上从就近安全通道撤离，撤离时请沿紧急撤离指示方向，走楼梯撤离，注意切勿乘坐电梯。地下厂房安全撤离通道有通风兼安全洞、电缆竖井和进厂交通洞。

（3）地下厂房存在全厂停电风险。一旦全厂停电，要求服从公司现场负责人（或陪同人员）指挥，原地待命或有顺序安全撤离，切勿随处乱闯。生产现场还存在触电、烧伤、烫伤等风险，现场不得兼做其他无关工作，严禁擅自触摸未经许可的设备设施和任何导电体。

（4）生产现场孔洞井坑多，检修过程中，经常会将孔洞井坑的盖板取下并设置临时围栏。严禁翻越临时围栏，或依靠在临时围栏上等不安全行为。日常行走过程中，要注意路面安全。

（5）高处作业（超过坠落基准面 2m 及以上）须系好安全带或做好其他安全措施。

（6）现场所有检修或施工电源的接入、拆除工作必须由公司电气人员进行，严禁带电插拔电源。

（7）禁止在起重工作区域内停留或行走。起重机正在吊物时，不准在吊杆或吊物下停留或行走。

（8）严禁在门口、楼梯口等安全通道处，堆放杂物。

（9）生产区域的垃圾实行定点放置，严禁乱丢垃圾，工作结束前应清扫、整理现场，确保清洁。

（10）严禁擅自携带危险品、化学品等易燃易爆物品进入生产区域。

（11）特殊作业人员作业时必须持证上岗，禁止无证上岗作业。

（12）公司有权对违反安全管理规定的作业人员进行批评、教育、处罚或停止作业。

（13）员工必须严格遵守公司的各项安全规章制度及相关行业施工安全要求，按规定办理各种作业票。未经许可不准乱动公司的任何设备、管道、开关、阀门，不准擅自乱接水、电、风（气）等管线。

（14）地下厂房严禁吸烟。一经发现按公司相关制度进行处罚和考核。

（15）危险区域，公司均装设了围栏或设置标示牌等以作警示，严禁擅自移动或拆除任何围栏、遮栏。任何一方人员，擅自拆除、变动所造成的后果，均由该方负责。

（16）运行设备区域，地面上均有黄色的警示线予以标识，严禁擅自进内。

（17）公司生产区域严禁有未经审批的动火作业（电焊、气割等），动火执行人必须具备相应的资质，每次动火作业前须通知公司消防人员到场检查监护。

（18）严禁擅自将消防设施或消防用具移作他用。

（19）尽可能不在生产现场就餐。

（20）作业过程遇到不明情况或发现其他不安全情况时，应立即与现场负责人（陪同人员）或运行值班人员联系、汇报。

（21）若在工作中需新进、增添人员的，进入生产区域工作前，必须进行安全教育，履行确认手续。

（22）任何人有权拒绝执行任何人提出的违反安全管理规定的要求。有权拒绝执行本人认为不安全的要求。

（23）公司报警电话：若发现任何异常或安全隐患，可致电公司运行中控室电话。

（24）一旦发生火灾，立即通知附近的人投入灭火抢救工作，并迅速拨打电话报警并通知安监部门。

（25）正确使用灭火器材或用水灭火。

（26）发现有人触电时，应立即拉闸停电（断开电源），距电闸较远时可使用绝缘钳或干燥木柄斧子切断电源线；救护人员不得用手拉或金属棒、潮湿物品救护，应使用绝缘器具使触电人脱离电源；在电容器或电缆线路中解救触电人时，应切断电源进行放电后在去救护触电人；高压触电，应在确保救护人安全的情况下，因地制宜采取相应救护措施；解救触电人时做好防护，以免受二次伤害。

6. 消防知识（《消防法》的有关规定）

（1）任何单位和个人都有维护消防安全、保护消防设施、预防火灾、报告火警的义务。任何单位或个人都有参加有组织的灭火工作的义务。

（2）机关、团体、企业、事业等单位，应当加强对本单位人员的消防宣传教育。

（3）同一建筑物由两个以上单位管理或者使用的，应当明确各方的消防安全责任，并确定责任人对共用的疏散通道、安全出口、建筑消防设施和消防车通道进行统一管理。

（4）生产、储存、经营易燃易爆危险品的场所不得与居住场所设置在同一建筑物内，并应当与居住场所保持安全距离。生产、储存、经营其他物品的场所与居住场所设置在同一建筑物内的，应当符合国家工程建设消防技术标准。

易燃易爆场所禁止施焊

（5）禁止在具有火灾、爆炸危险的场所吸烟、使用明火。因施工等特殊情况需要使用明火作业的，应当按照规定事先办理审批手续，采取相应的消防安全措施；作业人员应当遵守消防安全规定。进行电焊、气焊等具有火灾危险作业的人员和自动消防系统的操作人员，必须持证上岗，并遵守《消防安全操作规程》。

（6）任何单位、个人不得损坏、挪用或者擅自拆除、停用消防设施、器材，不得埋压、圈占、遮挡消火栓或者占用防火间距，不得占用、堵塞、封闭疏散通道、安全出口、消防车通道。人员密集场所的门窗不得设置影响逃生和灭火救援的障碍物。

（7）机关、团体、企业、事业等单位以及村民委员会、居民委员会根据需要，建立志愿消防队等多种形式的消防组织，开展群众性自防自救工作。

（8）任何人发现火灾都应当立即报警。任何单位、个人都应当无偿为报警提供便利，不得阻拦报警。严禁谎报火警。

（9）人员密集场所发生火灾，该场所的现场工作人员应当立即组织、引导在场人员疏散。

（10）对因参加扑救火灾或者应急救援受伤、致残或者死亡的人员，按照国家有关规定给予医疗、抚恤。

7. 职业安全卫生知识

职业病，是指企业、事业单位和个体经济组织等用人单位的劳动者在职业活动中，因接触粉尘、放射性物质和其他有毒、有害因素而引起的疾病。

（1）用人单位应当为劳动者创造符合国家职业卫生标准和卫生要求的工作环境和条件，并采取措施保障劳动者获得职业卫生保护。

（2）用人单位必须依法参加工伤保险。

（3）用人单位与劳动者订立劳动合同（含聘用合同，下同）

时，应当将工作过程中可能产生的职业病危害及其后果、职业病防护措施和待遇等如实告知劳动者，并在劳动合同中写明，不得隐瞒或者欺骗。

（4）劳动者在已订立劳动合同期间因工作岗位或者工作内容变更，从事与所订立劳动合同中未告知的存在职业病危害的作业时，用人单位应当依照前款规定，向劳动者履行如实告知的义务，并协商变更原劳动合同相关条款。

（5）用人单位违反前两款规定的，劳动者有权拒绝从事存在职业病危害的作业，用人单位不得因此解除与劳动者所订立的劳动合同。

（6）劳动者享有下列职业卫生保护权利：获得职业卫生教育、培训；获得职业健康检查、职业病诊疗、康复等职业病防治服务；了解工作场所产生或者可能产生的职业病危害因素、危害后果和应当采取的职业病防护措施；要求用人单位提供符合防治职业病要求的职业病防护设施和个人使用的职业病防护用品，改善工作条件；对违反职业病防治法律、法规以及危及生命健康的行为提出批评、检举和控告；拒绝违章指挥和强令进行没有职业病防护措施的作业；参与用人单位职业卫生工作的民主管理，对职业病防治工作提出意见和建议。

8. 生产安全事故调查与分析

（1）生产安全事故（以下简称事故）造成的人员伤亡或者直接经济损失，事故一般分为以下等级：特别重大事故、重大事故、较大事故、一般事故。〔特别重大事故，是指造成 30 人以上死亡，或者 100 人以上重伤（包括急性工业中毒，下同），或者 1 亿元以上直接经济损失的事故；重大事故，是指造成 10 人以上 30 人以下死亡，或者 50 人以上 100 人以下重伤，或者 5000 万元以上 1 亿元以下直接经济损失的事故；较大事故，是指造成 3 人以上 10 人以下死亡，或者 10 人以上 50 人以下重伤，或者 1000 万元以上 5000 万元以下直接经济损失的事故；一般事故，是指造成 3 人以下死亡，或者 10 人以下重伤，或者 1000 万元以下直接经济损失的事故。"以上"包括本数，所称的"以下"不包括本数。]

（2）事故报告应当及时、准确、完整，任何单位和个人对事故不得迟报、漏报、谎报或者瞒报。

1）事故调查处理应当坚持实事求是、尊重科学的原则，及时、准确地查清事故经过、事故原因和事故损失，查明事故性质，认定事故责任，总结事故教训，提出整改措施，并对事故责任者依法追究责任。

2）事故发生后，事故现场有关人员应当立即向本单位负责人报告；单位负责人接到报告后，应当于 1 小时内向事故发生地县级以上人民政府安全生产监督管理部门和负有安全生产监督管理职责的有关部门报告。

3）情况紧急时，事故现场有关人员可以直接向事故发生地县级以上人民政府安全生产监督管理部门和负有安全生产监督管理职责的有关部门报告。

（3）报告事故应当包括下列内容：事故发生单位概况；事故发生的时间、地点以及事故现场情况；事故的简要经过；事故已经造成或者可能造成的伤亡人数（包括下落不明的人数）和初步估计的直接经济损失；已经采取的措施；其他应当报告的情况。

事故报告后出现新情况的，应当及时补报。

自事故发生之日起 30 日内，事故造成的伤亡人数发生变化的，应当及时补报。道路交通事故、火灾事故自发生之日起 7 日内，事故造成的伤亡人数发生变化的，应当及时补报。

（4）事故发生后，有关单位和人员应当妥善保护事故现场以及相关证据，任何单位和个人不得破坏事故现场、毁灭相关证据。

1）因抢救人员、防止事故扩大以及疏通交通等原因，需要移动事故现场物件的，应当做出标志，绘制现场简图并做出书面记录，妥善保存现场重要痕迹、物证。

2）事故调查组有权向有关单位和个人了解与事故有关的情况，并要求其提供相关文件、资料，有关单位和个人不得拒绝。

3）事故发生单位的负责人和有关人员在事故调查期间不得擅离职守，并应当随时接受事故调查组的询问，如实提供有关情况。

4）事故调查中发现涉嫌犯罪的，事故调查组应当及时将有关材料或者其复印件移交司法机关处理。

四、事故案例分析

[案例 1] **某水电站运行人员进入生产现场对球阀巡视检查，注意力不集中，不慎滑倒跌落导致重伤**

1. 事件经过

××××年 10 月 8 日，某水电站 1 号机组停机后，运行人员巡视发现其球阀顶部排气阀后管路接头渗水，运行人员通知检修人员处理。由于人手紧张，机械班长赵某（工作负责人）办理完工作票手续后，安排班组刚来的外委人员吕某穿硬底皮鞋爬至球阀顶部处理缺陷，吕某当时精神状态不佳，哈欠连天，注意力不能保持集中，其在工作过程中不慎滑倒跌落至地面导致重伤，后经调查吕某由于身体不适在工作前一个小时服用感冒药。

2. 原因分析

（1）工作负责人未能及时掌握工作班成员身体状况和精神状态，违反《安规》"工作负责人：关注工作班成员身体状况和精神状态是否出现异常迹象……"。

（2）工作负责人未监督工作成员落实高处作业的安全措施，违反《安规》"工作负责人：监督工作班成员遵守本部分，正确使用劳动防护用品和安全工器具以及执行现场安全措施"。

（3）伤者吕某（工作班成员）高处作业未采用任何防坠落措施，违反《安规》"高处作业均应采用先搭设脚手架、使用高处作业车、升降平台或采取其他防止坠落措施"。

（4）伤者吕某（工作班成员）穿硬底皮鞋进行高处作业，违反《安规》"高处作业人员应衣着灵便，穿软底鞋，并正确佩戴个人防护用具"。

[案例2] **某水电站维护人员擅自进入生产现场对水车室巡视检查和渗油清理，未办理工作许可手续，违反规定操作，导致受伤**

1. 事件经过

某电站机组备用期间，维护人员朱某擅自进入水车室内，进行巡检和渗油清理工作，由于空间狭窄摘下安全帽工作。此时值班人员接调度令机组开机。朱某受惊从导叶拐臂上摔倒，撞伤头部。

2．原因分析

（1）维护人员未得到值班负责人批准，未办理工作许可手续，擅自进入机组设备运行（备用）区域工作，违反《安规》"在水力机械设备和水工建筑物上工作，应填用工作票或事故紧急抢修单……"的规定。

（2）维护人员在生产区域未正确佩戴安全帽，违反《安规》"作业人员的基本条件：进入作业现场应正确佩戴安全帽，现场作业人员应穿全棉工作服、工作鞋"的规定。

（3）维护人员在导叶拐臂上行走，违反《安规》"运行和检修人员在水车室巡检时，应注意脚下行走线路，不得偏离行走通道"的规定。

[案例3] 某水电站1号机组C级检修，误操作阀门，导致大量水淋到工作人员身上

1．事件经过

××××年9月18日00：11，某水电站1号机组C级检修开工，操作人李某、监护人张某办理完操作票审批手续后开始进行蜗壳、尾水管排水操作，操作至"打开1号机组蜗壳检修排水阀"时，由于现场无升降车等登高工具，于是暂未执行该操作，继续进行其他操作，计划由白班人员借用梯子进行操作。早上检查发现尾水管水已排空后将操作票打钩执行完毕。白班人员接班后，维护办理完"蜗壳通风、检查"工作票后，开始进行开启人孔门操作，在人孔门即将开启时，发现蜗壳内仍有大量水淋到工作人员身上。

2．原因分析

（1）运行人员操作准备不充分，未准备好必要的工器具，违反《安规》"操作的基本要求：d）监护人和操作人在接到发令人发布的操作指令后，带齐必要的操作工具和安全用具，……"的规定。

（2）运行操作人员跳项操作，违反动力《安规》"操作的基本要求：……监护人和操作人在操作中应认真执行监护复诵制度，按操作票填写的顺序逐项操作，每操作完一项，应检查无误后做一个"√"记号，对重要项目（如开、停机等）记录操作时间。……"的规定。

（3）全部操作完毕后，未进行复查，违反动力《安规》"……全部操作完毕后进行复查，并向发令人汇报操作结束"的规定。

（4）工作许可人、工作负责人在工作许可工作票时未现场检查核对安全措施（或措施不全），导致阀门未打开未发现，违反动力《安规》"工作许可人在完成作业现场的安全措施后，还应完成以下许可手续，工作班方可开始工作：持票会同工作负责人到现场再次检查所做的安全措施，对补充的安全措施进行说明，对具体的设备指明实际的隔离措施，确认检修设备无电压、已泄压、降温、无转动，且没有油、水、气等介质流入的危险"的规定。

[**案例4**]　**某水电站3号主变压器检修后运维人员进行恢复操作，主变压器低压侧电压互感器未推入工作位置，导致误操作**

1．事件经过

××××年4月25日，某水电站3号主变压器检修后运维人员进行恢复操作。09：00由于巡检员、值班员去配合其他检修工作，运行值班负责人便拟写了操作票。10：00操作票拟写完毕，巡检员、值班员也回到值班室，巡检员、值班员看过操作票后履行完签字手续，开始操作。主变压器送电后，发现主变压器低压侧无电压，检查发现主变压器低压侧电压互感器未推入工作位置。

2. 原因分析

（1）运维人员操作票制度执行不严格，操作票应由操作人员填写，运行值班负责人审核，但案例中运行值班负责人填写操作票导致缺少了审核人员。违反《安规》"倒闸操作由操作人员填用操作票"的规定。

（2）操作前，操作人和监护人未进行预演，未能发现操作票中的遗漏项目。违反《安规》"开始操作前，应先在模拟图（或微机防误装置、微机监控装置）上进行核对性模拟预演，无误后，再进行操作"的规定。

（3）该水电站未配置防误闭锁装置或不完善，致使操作中漏项。违反《安规》"高压电气设备都应安装完善的防误操作闭锁装置"的规定。

第二节 部门安全教育

为了帮助员工熟悉部门的安全生产的特点和要求，提高大家的安全技术素质，自觉遵守部门各项安全工作规章制度、标准，增强职工自我保护能力，保障人身和设备安全，实现安全、文明生产。

一、国家电网公司安全职责规范

第三十九条 运维检修部的安全职责

（1）贯彻执行国家和上级单位有关规定及工作部署，承担输电线路、变电一次和辅助设备、配电设备等专业管理职责，严格遵守安全管理各项规定，落实相关安全运行保障措施。

（2）组织编制并实施年度反事故技术措施计划，配合安监部门落实安全技术劳动保护措施计划。组织开展输变配电设备设施隐患排查治理，对安全生产中的重大问题或倾向性问题，制定解决措施和方案，做到任务、时间、费用、措施、责任人"五落实"。

（3）建立健全现场标准化作业制度并监督实施，开展安全性评价、危险点分析和预控，应用生产信息化技术支持系统，对企业和工作现场的安全状况进行科学分析，找出薄弱环节和事故隐患，及时采取预防措施。

（4）做好输变配电设备运行状态巡检、运行操作、维护检修、分析评价和建设改造等安全管理工作；负责编制作业安全保证措施，并组织落实；及时协调解决作业现场有关安全文明工作的重大问题。对生产现场（施工工地）开展监督检查，对作业环境、作业方法、作业流程给予检查指导，及时发现问题并提出改进意见。

（5）负责配网（表箱前）运行、检修、改造和建设安全管理；负责配电自动化建设与改造、分布式电源（储能装置）接入技术安全管理。

（6）负责电网设备运检业务外委（外包）安全资质审查。负责项目合同安全管理，明确安全责任，检查安全措施落实情况。

（7）负责消防管理工作；负责防汛、防灾减灾、消防监控设备的现场巡视、运维和操作实施的安全管理。

（8）负责电力设施保护管理工作；负责电网设施安防、安保设备的安全管理；负责电网运检安全管理方面重大问题的协调和处理；负责电力设施保护安全技术措施实施及线路通道防护管理。

（9）配合物资部门参加设备监造、开展物资质量抽检，并对设备安全质量问题提出建议。

（10）负责特种设备和特种作业人员管理；负责组织编制有关特种作业现场操作规程及特种作业人员安全管理制度。

（11）负责生产系统车辆安全管理工作。

二、部门安全生产管理工作

（一）运维检修部主要职责

负责电站设备设施运行维护和检修；负责电站设备设施检修、技改项目管理；负责电站设备状态诊断、评价分析和技术监督；负责反事故措施、缺陷、隐患管理；负责水工建筑物的安全监测与管理；负责本专业电力设施保护和消防管理；负责基建尾工、小型基建等相关管理工作；负责科技、信息、通信等相关业务的管理工作；归口环境保护、水土保持、工业卫生、劳动保护的管理；归口生产实物资产管理；归口防汛管理；归口综合管理对标工作；归口技术标准规范的编制和修订工作。

（二）部门安全例行工作

1. 贯彻执行安全例行工作

为确保各项安全工作的有效实施，部门要认真贯彻执行安全例行工作，布置、检查安全情况，部门不得以任何理由拖延或拒绝执行。

2. 班前、班后会

部门负责人或部门安全员应检查指导班前班后会活动开展情况。

3. 安全日活动

（1）各部门负责人应每月定期召开班（值）长、班（值）安全员等有关人员参加的部门安全会议，分析、研究、解决本部门安全生产中存在的问题，贯彻布置和检查单位在安全生产方面下达的指令和工作任务的落实情况，组织检查下属班（值）开展安全活动的情况，发现问题，及时纠正，由部门安全员把活动的内容记录。

（2）安全日活动内容记录在本记录本中，所有与会人员必须签名，要求认真按实记录，做到内容翔实、记录及时、字迹工整保持清洁、保管良好。

（3）部门负责人及部门安全员应参加有关班（值）的安全活动，检查指导各班（值）的活动开展情况，并对所有安全活动记录作批示。

（4）安全日活动的主要内容：

1）各部门应按照单位的布置，组织学习上级有关安全生产方面的规定、指令、文件、事故通报等，研讨反事故措施并正确及时予以执行。

2）学习有关电力安全信息、各级安全快报、简报、通报以及兄弟单位安全生产方面的经验教训，吸取事故教训，结合实际讨论制订本部门的改进措施和防范措施，做到举一反三，防止同类事故的发生。

3）认真检查"五同时"的执行情况，分析讨论和落实本部门所发生的各类事故和不安全情况的原因和责任，并按"四不放过"的原则落实对责任者的处理。

4）学习《国家电网公司电力安全工作规程》《国家电网公司电力生产事故调查规程》等电力行业的有关安全生产法规、单位安全生产规章制度、运行规程、检修规程、单位布置的安全学习任务，重点对"两票三制"的执行情况、反习惯性违章等方面的不安全情况进行监督检查，分析设备缺陷和隐患，制订切实可行的对策和整改措施。

5）学习有关安全管理方面的理论知识和安全技术理论，提高员工的安全自我保护意识和单位的安全生产水平。

6）每月应总结安全活动的实际效果，评比安全生产方面的好人好事，检查不安全因素，并针对安全生产中的薄弱环节和隐患，突出重点，全面落实整改措施。

7）讲解新设备和改进设备的构造原理，做好投用前的准备工作。

8）检查"安措计划"和"反措计划"的实施情况。

4. 安全分析会

（1）每月月初各部门负责人和部门安全员参加由总经理主持的

安全工作例会、安全网例会，汇报一个月或季度的安全生产情况。

（2）各部门每月至少应召开一次部门安全工作例会，由部门负责人主持，参加人员为部门安全员、各班（值）负责人及安全员，重点检查本部门和各班组的安全情况，总结安全经验，表扬安全生产中的好人好事，批评安全生产中的麻痹思想，指导班组安全工作，部门安全员做好部门安全例会记录。

5. 安全网例会

（1）每月参加由单位安全监察质量部主任主持安全网例会，总结工作、交流经验、商讨下一步工作重点、计划。

（2）每半年参加由总经理或副总经理主持召开的全体安全网人员会议，检查职责履行情况，总结上半年安全工作，布置下半年的安全工作重点和计划，商定安全生产奖罚意见。

6. 安全月活动

（1）每年六月为全国安全生产活动月，也是单位安全生产活动月。

（2）部门在活动月期间，应积极参加单位组织的各项活动，还可结合部门实际，对安全生产工作进行一次全面系统的回顾、检查、总结，找出问题，提出并落实整改措施。活动后应有书面总结。

（3）安全月活动主要内容有：学安全生产有关规程制度、忆事故案例，查不安全因素和事故隐患等。

7. 安全检查

（1）经常性的安全检查。部门应结合实际情况定期开展，并作为安全日活动的内容之一。

（2）季节性安全生产大检查。根据单位的安排，认真予以细化并组织落实，检查后要有书面总结和整改实施计划。

（3）专项安全检查。根据单位的安排，认真予以落实，检查后要有书面总结和整改实施计划。

（4）部门领导应定期带领专业主管、技术人员、安全员、检修班长，对本部门所管辖设备进行全面检查和分析，及时消除设备隐患并总结经验，不断提高设备的健康水平。

8. 危险点分析与预控

（1）开展危险点分析与预控，是贯彻"安全第一，预防为主"方针，结合单位和工作现场的实况进行科学分析，查找可能导致事故发生的危险因素，并提前采取必要的防范措施。

（2）危险点分析与预控实行以班值为基础，单位、部门、班值三级管理。

（3）危险点分析与预控工作是保证安全生产的一项必要措施，列入单位安全考核内容。

（4）危险点普查和数据库修改工作每年进行一次。危险点的普查及预控措施由班（值）组织查找并提出预控措施，部门审核后，报安全监察质量部和运维检修部审查后下发执行。

（5）每日作业点的危险点分析预控是保证安全生产的有效方法和基础，单位危险点预控工作重心在一线班值，要做到"预控分析有针对性，方法措施有可操作性，作业人员有熟知性"。

9. 安全性评价

（1）安全性评价工作是一种认真贯彻"安全第一，预防为主"

方针，把"预防为主"落实到实处的行之有效的安全管理方法。

（2）为全面评价公司安全生产基础，提高广大职工对危险源的辨识能力，促进安全生产管理及监督，公司全面开展安全性评价工作。

（3）各责任部门负责所管辖范围设备的安全性评价工作，部门行政正职是安全性评价工作的主要责任人，对工作开展情况及效果负责，负责检查监督整改计划落实情况。

10．反事故演习和事故预想

（1）反事故演习是以定期检查生产一线人员事故处理和后勤保障的能力，贯彻反事故措施，帮助生产人员进一步掌握现场规程，熟悉设备运行特性为目的。

（2）部门反事故演习活动每半年进行一次，演习内容及方案由部门负责人批准、组织，报单位安监部备案。

（3）演习总负责人应对演习内容进行详细研究，审定演习计划，并针对演习中可能出现的各种意外情况制定出预防措施。

（4）演习过程中必须指定监护人，由非当值的运行值班人员、专业技术人员担任。每次演习前由演习总负责人向监护人讲解全部演习计划，布置监护人的任务和责任。

（5）演习结束后，应召集全体参演人员进行总结评价，针对演习过程中暴露的问题，提出改进措施。

（6）运行人员应根据季节特点和现场设备的实际情况开展事故预想，预想可能发生的事故，并做好事故预想记录。事故预想记录应有现象、有处理、有对策，有其他值的补充意见以及上级领导的审阅意见及评语。事故预想每值每轮班不少于一次，遇有特殊运行方式、设备缺陷应随时进行。

11. 安全教育培训

教育培训分为：新进人员三级安全教育及有关考试；新上岗生产人员培训及考试；在岗生产人员培训及考试；安全生产法规、规程制度教育培训及考试；三种人的培训及考试；特殊工种人员的培训及考试；安全技术专业课程教育培训等。

12. 定期安全分析、计划及小（总）结

（1）部门至少每月组织一次例行安全小结（分析）会，年终组织一次。通过安全分析，总结经验教训，对分析中发现的不安全情况和安全生产上存在的问题，提出相应的防范措施并组织落实，并做好记录。

（2）安全小结（分析）会记录内容要求（不限于此）：部门"两票三制"执行情况，前阶段安全生产总体情况及原因分析，本单位月度安全分析会议、安委会会议及安全网例会情况，不安全情况（存在问题和薄弱环节）及原因分析，应采取的反措，下阶段安全生产工作注意事项、下阶段安全生产工作计划等。

（3）"不安全情况栏"主要记录内容：时间、责任人、不安全具体情况、缘由等。不安全情况分析要根据事故的性质和严重程度，及时组织分析。分析时可以请有关领导和安全管理人员参加。

三、职业危害因素

1. 噪声

主要噪声源为水轮发电机组、空压机、风机、水泵、电动机及

变压器。噪声性质为电磁性噪声（发电机组、变压器、电动机）、流体动力性噪声（通风机、空压机、首部泄洪）及机械性噪声（水泵、水轮机）。运行人员采取控制室监控，现场巡视的作业方式。巡检地点主要为主厂房的发电机层、水轮机层，主变压器、GIS室、出线场等，接触的产噪设备主要为水轮发电机组。

电站噪声危害防治：①控制噪声源。②严格执行卫生标准。③搞好个人防护。常用的防护用品有防护耳塞、耳罩等。④进行健康监护。对上岗前的职工进行体检，对听觉系统、中枢神经系统、心血管系统有疾患的人员可以安排远离噪声的岗位工作。对职工进行定期体检，以早期发现听力损伤。

2. 工频电磁场

运行工在巡检主厂房发电机层、主变室、GIS室、出线场时接触工频电磁场。

3. 六氟化硫（SF_6）

GIS室和出线场采用220kV开关采用 SF_6 断路器，存在断路器发生 SF_6 泄露的可能。电器设备内的 SF_6 气体在高温电弧发生作用时而产生的某些有毒产物。

SF_6 气体防护：一是在 SF_6 电气设备从事工作的人员，配置和使用必要的安全防护用具。二是工作人员进入 SF_6 配电装置室，若入口处未设置 SF_6 气体含量显示器，应先通风15分钟，并用检漏仪测量 SF_6 气体含量合格。尽量避免一人进入 SF_6 配电装置进行巡视，不准一人进入从事检修工作。三是进入 SF_6 配电装置低位区域或电缆沟进行工作，应当先检测含氧量（不低于18%）和 SF_6 气体含量是否合格。

4. 电焊粉尘

电焊烟尘的成分因使用焊条的不同而有所差异。焊条由焊芯和药皮组成。焊芯除含有大量的铁外，还有碳、锰、硅、铬、镍、硫和磷等；药皮内材料主要由大理石、荧石、金红石、纯咸、水玻璃、锰铁等组成。焊接时，电弧放电产生 4000~6000℃高温，在熔化焊条和焊件的同时，产生了大量的烟尘，其成分主要为氧化铁、氧化锰、二氧化硅、硅酸盐等，烟尘粒弥漫于作业环境中，极易被吸入肺内。长期吸入则会造成肺组织纤维性病变，即称为电焊工尘肺，而且常伴随锰中毒、氟中毒和金属烟雾热等并发病。患者主要表现为胸闷、胸痛、气短、咳嗽等呼吸系统症状，并伴有头痛、全身无力等病症，肺通过气功能也有一定程度的损伤。

粉尘防护主要措施有：一是日常监测。二是个人防护。操作人员佩戴防尘口罩、防尘眼镜、防尘工作帽等。三是健康监护。按照规定进行上岗前体检，工作期间定期体检、离岗（退休）体检，建立职工健康档案，加强管理。

四、特种设备作业

1. 压力容器

压力容器的主要危险、有害因素有压力容器内具有一定温度的带压工作介质、承压元件的失效、安全保护装置失效等三类。由于安全防护装置失效或（和）承压元件的失效，使压力容器内的工作介质失控，从而导致事故的发生。

压力容器作业安全注意事项：

（1）压力容器操作人员要熟悉本岗位的工艺流程、有关容器的结构、类别、主要技术参数和技术性能，严格按操作规程操作。掌握处理一般事故的方法，认真填写有关记录。

（2）压力容器操作人员须取得质监部门统一颁发的《压力容器操作人员证》后，方可上岗工作。对工作中发生的异常情况应及时处理并向上级汇报。

（3）压力容器严禁超温、超压运行。实行压力容器安全操作挂牌制度或采用机械连锁机构防止误操作。检查减压阀失灵否。装料时避免过急过量，液化气体严禁超量装载，并防止意外受热等。经常检查安全附件运行情况。

（4）压力容器要平稳操作。压力容器开始加载时，速度不宜过快，要防止压力突然上升。高温容器或工作温度低于 0℃的容器，加热或冷却都应缓慢进行。尽量避免操作中压力的频繁和大幅度波动。

（5）严禁带压拆卸压紧螺栓。

2. 起重机械

起重机械是危险性较大的特种设备，在使用过程中发生事故的概率及事故的严重程度与其他机械比较，都是较高的。起重常见的事故有脱钩、钢丝绳折断、安全防护装置缺乏或失灵、吊物坠落、起重机倾翻和碰撞致伤等事故类型。对起重作业危险、有害因素分析如下：

（1）起重机吊运物体时，由于某种原因，物体突然坠落，将地面的人员砸伤或砸死，这种事故一般是惨痛的，因为坠落的重物一般都是击中人的头部（立姿）或腰部（蹲姿）。在有行车的厂房，由于生产噪声的掩盖，地面人员往往听不到指挥信号或思想麻痹，不能迅速避让，因而导致物体坠落伤人。引发吊物坠落事故的原因有：

1）被吊物件捆绑不牢；

2）吊具、工装选配不合理，超载或钢丝绳超过报废标准继续使用被拉断等；

3）吊钩危险断面裂纹、变形或磨损超限等；

4）主、副吊钩操作配合不当，造成被吊物重心偏移；

5）制动器、缓冲器、行程限位器、起重量限制器、防护罩、应急开关等安全装置失灵，造成起重机在运行过程中与轨道终端限制器发生碰撞或双车碰撞，或起重机几何形状发生变化，运行过程中发生啃道、侧偏［严重情况可能造成下坑事故（即脱轨）］等，或吊钩在起升运行过程中与卷扬发生碰撞等，均可能造成吊物坠落。

（2）引发挤伤事故的原因：各类制动器、缓冲器、行程限位器、起重量限制器、防护罩等保护装置失灵或因各类安全装置缺乏或失灵又未检修时；吊运环境狭窄，无吊运通道或通道不畅，司机操作错误，违反"十不吊"等。

（3）高处坠落事故的原因：检修作业时安全措施未落实，未严格执行"十不登高"，试车过程中指挥信号不明而发生撞击，起重机门舱联锁保护失效或未停稳上、下人等。

（4）引起司机或检修人员触电的原因：保护接零或接地、防短路、过压、过流、过载保护及互锁、自锁装置失效，电气设备与线路设计、安装不符合安全要求，设备维护保养或检修时带电作业，或在确须带电检修的情况下，违反安全操作规程和工艺规程的规定。

（5）起重机长期超负荷使用，造成主梁疲劳变形，上拱度、下挠度发生变化，或吊钩的溜钩距离值过大等，数值超过国家标准的规定值，都可能造成起重机械事故。

3．厂内机动车辆

厂区内的物料运输主要依靠厂内机动车辆（含叉车、电动车）、平板货车等，以实现厂区内的材料、设备的周转运输。如果厂区道路和车间内通道的弯道、交叉路口和道路或通道交叉段等设计不合理，可能会由于驾驶员等运输作业人员及其他人员违反厂内运输作业和厂内交通管理规章制度，而造成厂内交通事故（即：车辆伤害事故）。

（1）伤害方式：厂内运输过程中可能发生碰撞、碾压、刮擦、翻车、坠车、失火、装卸中受到物体打击、人员或物品从车上掉下来等车辆伤害事故。

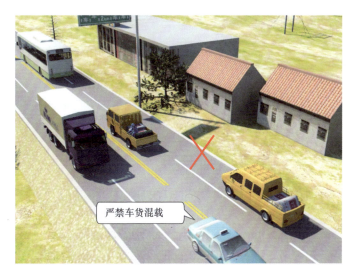

（2）原因分析：

1）厂内机动车驾驶员未经特种作业培训、考核，未取得特种作业上岗证或汽车驾驶员未取得机动车驾驶证，无证驾驶；

2）厂内机动车或汽车在运行过程中人货混载；

3）包装物堆放过高或捆绑不牢；

4）车辆带故障运行（车辆电气线路短路，油管破裂等会造成车辆失火）；

5）车辆运行缺乏监管，驾驶员违反安全操作规程或厂区机动车辆安全行驶管理规定；

6）装载、运输作业缺乏统一指挥或管理；

7）厂区道路及标志、标线等设施存在缺陷；

8）无厂内运输安全操作规程或厂区运输作业和厂内交通安全管理规章制度，运输作业人员和其他人员无章可循；

9）厂内运输安全操作规程或厂区运输作业和厂内交通安全管

理规章制度存在严重缺陷等。

五、水工作业

1. 山上（水上）作业安全管理规定

（1）在山上工作时，要小心烟火。

（2）在山上工作时，不准任何杂物、石块往下丢，同时不要踩着松动的石块，以免伤人或打坏设备。

（3）上山通道应保持畅通，保证观测人员行走安全，观测人员在山上工作时应戴好安全帽。

（4）夜间在山上进行观测工作时，工作地点必须具有足够夜间照明，春、夏、秋三季上山观测时要随时携带木棍和蛇药，已防毒蛇侵袭。

夜间巡视必须
足够照明

（5）船上进行测量，测量人员应穿好救生衣，同时船上要备有足够的救生工具，以防人员落水发生伤亡事故，不熟悉驾航人员严禁驾船作业。

2．水工观测现场安全规定

（1）观测人员在操作时必须思想集中，衣着和携带工具应整齐利落，以防攀登时发生人生事故。

（2）在高处、竖井、水面、临水边墙等危险处进行观测时，不得少于2人，在上游划船检查裂缝时，不得少于3人，并戴好安全带、救生圈、救生衣、安全帽等。

（3）观测操作的地点及往返通道、扶梯处，应经常进行清理和维修，以便通行，有坠落危险处，应设立栏杆或其他防护措施。

（4）观测道路应按规定线路行走，不得抄行险路。

（5）所有观测处及廊道内用应低压照明电源，观测人员还应备有电筒。

（6）雷雨、大风、大雪、大雨等恶劣天气时，应停止外出观测，特殊情况需外出观测，需经有关领导批准。

（7）饶坝渗流观测应做好防暑、防蛇、防毒虫、防寒等各种防护措施。

（8）在尾水渠水下地形测量，必须与发电分场有书面联系单并与运行人员随时联系，以防突然开机造成人身伤亡，下河道作业人员须穿救生衣等防护，救护设施，两岸牵拉人员要身强力壮，并思想集中。

3．水情测报系统维护现场安全规定

（1）各雨量站的发射无线维护工作时，爬杆、塔作业应由专业

人员进行，爬杆、塔的人员应戴好安全帽。工作时应有专人监护，作业人员要按有关规定系好安全带。

（2）雨量站维护工作不得少于2人进行，维护工作前维护人员不得饮酒。工作中不得说笑、打闹。

（3）上房顶进行维护工作时，需有专人监护，以防从房顶坠落。

（4）在维护带电设备时，维护人员严格按电业规程规定做好相关的安全措施后方能进行工作。

（5）大雨期间应避免进行维护工作，特殊情况需经有关领导批准方可进行维护工作。

4．大坝及附属建筑物巡检现场安全规定

（1）巡检前，巡检负责人向有关人员交代巡检任务、目的和巡检线路并详细交代有关安全注意事项和安全要求，并认真在现场安全交底手册中进行详细记录。

（2）巡检前，巡检人员应做好自身的防护措施，带好必要的防护器材。

（3）在山体滑坡深处进行巡检时，至少要有2人同行，并配带通信设备和有关防护器材。

（4）在进入溢流面等弧形表面检查时要做好防摔、防滑、防跌的安全措施，并有专人监护。

（5）在坝上游检查时，乘坐的船只应有专业人员驾驶，巡检人员应穿救生衣，有心脏病的人员不得上船。

（6）闸门和启闭机设备的巡检中，非专业人员不得随意触摸各类电器设备。

六、事故案例分析

[案例1] 某110kV开压站检修作业完成后，违反《安规》中临时增加工作项目规定，发生触电死亡事故

1. 事件经过

××××年电厂电气班一组检修工人在110kV升压站进行115断路器（开关）、隔离开关（刀闸）、CT瓷瓶清扫涂硅油工作。工作已基本完成，人员已撤离，工具车也拉走离开现场约60m。这时工作负责人想临时增加采油样工作并问班长："是不是还采油样？"班长回答："采！"并叫工具车先别走。这时技术员过去拿工具，而这位工作负责人就一个人返回了115断路器（开关）处。他在无人监护的情况下，误入运行区域，登上了邻近的116断路器（开关）B相CT的架构，触电严重烧伤。经尽力抢救无效，于一星期后死亡。

2. 原因分析

（1）检修工作时，工作负责人临时增加工作项目，未得到工作许可人与工作票签发人同意。违反《安规》"在原工作票的停电及安全措施范围内增加工作任务时，应由工作负责人征得工作票签发人和工作许可人同意，并在工作票上增填工作项目。"的规定。

（2）工作负责人在无人监护的情况下，单独进入室外高压设备区内直接参加工作，且独自在高压设备上工作，误入带电间隔。违反《安规》"所有工作人员（包括工作负责人）不许单独进入、滞留在高压室、阀厅内和室外高压设备区内。"的规定。

（3）检修区域与运行区域没有有效隔离和悬挂相应的警示牌。

违反《安规》"在室外高压设备上工作，应在工作地点四周装设围栏，其出入口要围至临近道路旁边，并设有'从此进出'的标示牌。工作地点四周围栏上悬挂适当数量的'止步　高压危险'标示牌，标示牌应朝向围栏里面。"的规定。

> [案例 2] **某 110kV 变电站检修作业时，未经工作负责人允许，擅自扩大工作范围，触电死亡**

1. 事件经过

2015 年 3 月 23 日，某供电公司 110kV 变电站 1 号主变压器单元春检试验，8 时 20 分，变电检修三班作业小组工作负责人张某进行工作任务、安全措施、技术措施交底和危险点告知，并签字确认手续后开工。作业人员陈某、孙某进行 10kV 501 进线断路器柜全回路电阻测试工作。9 时 40 分，孙某在柜后做准备工作时，误将 501 断路器后柜上柜门母线桥小室盖板打开（小室内部有未停电的 10kV 3 号母线），触电倒地，经抢救无效死亡。

2. 原因分析

（1）作业人员孙某未经工作负责人允许，擅自扩大工作范围，打开 501 断路器后柜上柜门母线桥小室盖板，碰触带电部位。违反《安规》"工作班成员的安全职责：在确定的作业范围内工作，对自己在工作中的行为负责"的规定。

（2）工作负责人没有及时发现并制止孙某的违章行为，未能尽到监护责任。违反《安规》"工作负责人（监护人）：监督工作班成员遵守本规程。"的规定。

[案例3] **某变电站电缆耐压试验过程中，试验电缆未充分放电即更换试验引线，造成触电死亡事故**

1. 事件经过

某供电公司检修工区试验班在 110kV 某变电站进行出线电缆耐压试验。本次的工作负责人为李某，工作人员为张某、王某。在试验过程中，试验人员张某在未将被试验的电缆进行充分放电、未戴绝缘手套的情况下，更换试验引线，造成人身触电。

2. 原因分析

（1）张某在更换试验引线时未戴绝缘手套、未对试验电缆进行充分放电、短路接地。违反《安规》"电缆的试验过程中，更换试验引线时，应先对设备充分放电，作业人员应戴好绝缘手套。"的规定。

（2）工作负责人李某未认真履行安全职责，未及时发现和制止张某的违章行为。违反《安规》"监督工作班成员遵守本规程，正确使用劳动防护用品和安全工器具以及执行现场安全措施。"的规定。

[案例4] **某变电站，进行 110kV Ⅱ 母运行转冷备用操作，操作前未核对设备名称、编号和位置，未检查设备实际状态，走错间隔，误操作，导致变电站失压**

1. 事件经过

××××年2月26日，某变电站依据调度指令进行 110kV Ⅱ 母运行转冷备用的操作。在将 110kV Ⅱ 母所有馈路倒至 110kV Ⅰ 母时，监护人杨某，操作人徐某两人携带填写并经模拟预演过的操作票进行倒母线操作。9时32分，按顺序操作到"合上11291XQ Ⅱ母隔离开关（刀闸）"项目时，两人误入正在施工的7号间隔（该间隔接地开关在合闸位置处）进行操作，当合上该间隔Ⅰ母隔离开关（刀闸）时，引起该变电站110kV母线三相短路，导致110kV XY、SH、BS三座变电站失压。

2．原因分析

（1）操作人、监护人操作前未核对设备名称、编号和位置，未检查设备实际状态，走错间隔。违反《安规》"操作前应先核对系统方式、设备名称、编号和位置，操作中应认真执行监护复诵制度（单人操作时也应高声唱票），宜全过程录音。"的规定。

（2）现场施工设备与运行设备没有有效隔离。违反《安规》"在室外高压设备上工作，应在工作地点四周装设围栏，其出入口要围至临近道路旁边，并设有'从此进出'的标示牌。工作地点四周围栏上悬挂适当数量的'止步　高压危险'标示牌，标示牌应朝向围栏里面。"的规定。

（3）杨某、徐某两人误入间隔，并且合上该间隔Ⅰ母隔离开关（刀闸），导致变电站失压，说明该间隔高压电气设备未安装防误操作闭锁装置或防误操作闭锁装置，违反《安规》"高压电气设备都应安装完善的防误操作闭锁装置。"的规定。

［案例5］　某变电站进行35kV、10kV设备消缺作业，未办理工作票，违章操作，触电坠落

1．事件经过

××××年××月××日，某变电站进行35kV、10kV设备

消缺（主变压器已投运）时，班长叶某与张某负责消除 10kV 设备缺陷。现场未办理工作票，张某到控制室取出 10kV 高压配电室钥匙，独自拿上扳手进入 10kV 高压配电室，沿 101 断路器（开关）间隔后网门程序锁具向上攀登，准备进行缺陷处理时，过桥母线对人体放电，造成 10kV 过桥母线三相弧光短路，主变压器差动保护动作，开关跳闸，同时张某触电坠落。

2. 原因分析

（1）现场未办理工作票，违反《安规》"保证安全的组织措施：工作票制度"规定。

（2）单人工作。违反《安规》"在高压设备上工作，应至少由两人进行，并完成保证安全的组织措施和技术措施"；"所有工作人员（包括工作负责人）不许单独进入、滞留在高压室、阀厅内和室外高压设备区内"；"工作班成员：服从工作负责人（监护人）、专责监护人的指挥，严格遵守本规程和劳动纪律，在确定的作业范围内工作，对自己在工作中的行为负责，互相关心工作安全。"的规定。

（3）变电站高压室钥匙管理不规范。违反《安规》"高压室的钥匙至少应有 3 把，由运维人员负责保管，按值移交。1 把专供紧急时使用，1 把专供运维人员使用，其他可以借给经批准的巡视高压设备人员和经批准的检修、施工队伍的工作负责人使用，但应登记签名，巡视或当日工作结束后交还。"的规定。

（4）张某与高压电气设备未保持足够的安全距离，违反《安规》"无论高压设备是否带电，作业人员不得单独移开或越过遮栏进行工作；若有必要移开遮栏时，应有监护人在场，并符合设备不停电时的安全距离。"的规定。

[案例6] **某导叶接力器吊装，工作负责人使用两台链条葫芦同时起吊，单台最大允许重量 4t 小于重物 6t，违反规定操作**

1．事件经过

某水电厂机组检修期间进行导叶接力器更换工作，该接力器额定重量为 6t。为确保吊装安全，工作负责人张某安排使用两台链条葫芦同时起吊（单台最大允许起重量 4t）。起吊过程中，工作负责人张某站在链条葫芦下方指挥，6 名工作班成员分两组，每 3 人一组快速拉链。

2．原因分析

（1）张某安排使用两台链条葫芦同时起吊，单台最大允许起重量 4t 小于重物 6t，违反动力《安规》"两台及两台以上链条葫芦起吊同一重物时，重物的重量应不大于每台链条葫芦的允许起重量……"的规定。

（2）张某站在链条葫芦下方指挥，违反《安规》"……操作时，人员不得站在链条葫芦的正下方"的规定。

（3）张某安排 3 人一组快速拉链，违反《安规》"不得超负荷使用，起重能力在 5t 以下的允许 1 人拉链，起重能力在 5t 以上的允许两人拉链，不得随意增加人数猛拉……"的规定。

（4）作业人员对张某的冒险指挥未拒绝，违反《安规》"任何人发现有违反本部分的情况，应立即制止，经纠正后才能恢复作业。各类作业人员有权拒绝违章指挥和强令冒险作业；在发现直接危及人身、电网和设备安全的紧急情况时，有权停止作业或者在采取可能的紧急措施后撤离作业场所，并立即报告。"的规定。

> [案例7] 某深井水泵检修作业，检修人员未按规定在链条葫芦使用前进行详细检查，导致深井水泵电机跌落

1. 事件经过

某电站集水井 1 号深井水泵解体检修过程中，检修人员用链条葫芦将电机起吊后发现周围地形较窄，事先准备的手推车无法靠近，遂将手拉链拴在起重链上后去更换手推车，在此过程中深井水泵电机跌落，造成深井水泵及其周围管路损坏，幸无人员伤亡。经检查事故原因为链条葫芦倒卡变形后损坏引起电机跌落。

2. 原因分析

（1）检修人员在使用链条葫芦前未进行详细检查，确保链条葫芦可用，违反动力《安规》"使用前应检查吊钩、链条、传动装置及刹车装置是否良好。吊钩、链轮、倒卡等有变形时，以及链条直径磨损量达 10% 时，禁止使用"的规定。

（2）检修人员将深井水泵电机起吊后，在长时间停留过程中虽然将手拉链拴在起重链上，但并未在电机上加设保险绳，违反动力《安规》"吊起的重物如需在空中停留较长时间，应将手拉链拴在起重链上，并在重物上加设保险绳"的规定。

第三节　班组安全教育

　　班组安全生产教育培训是在从业人员工作岗位确定后，由班组组织，除班组长、班组技术员、安全员对其进行安全教育培训外，自我学习也是重点。我国传统的师傅带徒弟的方式，也是搞好班组安全教育培训的一种重要方法。由于生产经营单位的性质不同，学习、实习期没有统一规定，应按照行业的规定或生产经营单位自行确定。实习期满，通过安全规程、业务技能考试合格方可独立上岗作业。

一、班组安全生产工作

（一）班组的任务

　　电力系统是自动化程度较高的高科技、现代化行业，企业科学的分工协作、现代化的管理、高素质的人才组成了一个个工作班组，保证了电力系统安全稳定运行，满足了国民经济发展的需要，是电力企业取得效益和发展再生产的基本单元。

　　电力企业的班组是按本企业的特点，依据工作性质、劳动分工与协作的需要，划分出的基本作业单位。它由同工种，或性质相近、配套协作的职工组成。为确保发电企业基本生产过程的正常运作，发电企业的生产班组应包括运行、检修等。电力企业各项工作任务的执行、落实都是在班组，任务是很繁重的。它不仅要确保在电力生产工作中安全、文明生产，优质服务，而且还要努力提高经济效益，完成生产任务。其主要任务有以下几项：

（1）认真贯彻"安全第一，预防为主"的方针；严格执行劳动安全法规和各项规程制度，实施目标管理，安全地完成各项生产任务。

（2）加强班组管理。建立健全各项管理制度，岗位责任制落实，组织管理好各种安全工器具。做到工作有标准，完善班组台账，原始记录完整，图纸、资料符合实际、齐全。

（3）开展班组培训工作。根据培训计划组织班组人员开展技术业务培训，开展岗位技术练兵活动，熟练掌握本岗位应知应会，鼓励自学成才。搞好安全活动，规范职工思想行为，促进班组成员综合素质的提高。

（4）学习推广新技术，围绕生产开展合理化建议和技术革新活动。班组应结合生产实际推广新技术，开展合理化建议活动，促进班组劳动生产率的提高。

（5）实行班组民主管理，搞好修旧利废，厉行节约，加强物资消耗定额管理，搞好班组经济核算。

班组是企业的细胞，是企业生产活动的阵地。其基本特征是生产型，是企业的基础，它既是企业分级管理不可缺少的最基础单位，又是整个生产流程中不可缺少的环节。

（二）班组的日常安全活动——班前会和班后会

班组是企业生产经营活动的基层单位。每个班组在每日工作的开始实施阶段和结束总结阶段，应自始至终地认真贯彻"五同时"，即班组长在计划、布置、检查、总结、考核生产任务的同时，计划、布置、检查、总结、考核安全工作，即把安全指标与生产指标一起进行检查考核。认真开好班前会和班后会，将安全工作列为班前会、班后会的重点内容，做到一日安全工作程序化，即班前布置安全、班后检查安全。

（1）班前应结合当班运行方式和工作任务，做好安全风险分析，布置风险预控措施。班后应总结讲评当班工作和安全情况，表扬遵章守纪，批评忽视安全、违章作业等不良现象，布置下一个工作日任务。

（2）班前会和班后会由班（值）长组织，班长不在时副班（值）长代理，全班人员参加，一般为15分钟左右，内容应联系实际，有针对性，并做好记录，参加人员签名确认。

（3）班前会内容。

1）交代工作任务、内容、质量和控制进度（运行按运行交接班制度规定内容进行交代）。交清现场工作条件、作业环境、系统接线、设备状态及两票的使用情况。

2）交代使用的机械设备和工器具的性能、操作技术。

3）交清工作设备的名称、编号、位置及隔离要求。

4）根据人员的精神状态和技术水平等做出合理的分工，指定负责人或监护人。

5）开展危险点分析和预控：对各工作面（操作）的安全薄弱点进行分析，对有可能发生异常的各个方面应采取防范措施，交代安全措施和注意事项，交代文明生产要求等。

（4）班后会的内容。

1）总结当天生产任务和执行安全规程情况。

2）表扬工作中认真执行安全规程的职工，对违反安规的职工提出批评和考核。

3）对人员的安排、作业方法、安全注意事项提出改进意见和防范措施。

（三）班组安全活动

安全活动是班组开展安全分析的基本形式，它不仅是职工学习有关安全生产各类文件、加强法制观念、提高自我保护意识教育的好形式，也是班组成员相互交流安全工作经验的好机会。因此，安全活动作为班组活动的一项长期内容，对于提高生产一线职工的安全意识、规范职工安全行为起着举足轻重的作用。安全活动的内容主要有：

（1）贯彻学习上级安全生产会议精神，安全生产的重要文件、指示，上级领导的重要性讲话等。

（2）学习国家、公司有关安全生产法律、法规、制度。

（3）学习各类安全简报、事故快报，学习兄弟单位安全生产的经验。

（4）开展各类安全大检查及各种安全专题活动。

（5）分析讨论设备存在的缺陷和处理意见。

（6）分析讨论兄弟单位、本班（值）发生的各类不安全事件的情况，按"四不放过"原则进行分析、定性、定责、定整改措施。

（7）总结上周安全工作，检查安全措施、安全规程的执行情况，找出存在问题和薄弱环节，及时制定防范措施落实整改。总结、表扬安全生产中的好人好事。

（8）讨论本周生产任务中各项安全措施及注意事项，检查员工安全思想动态、检查安全措施、安全工器具等准备情况。

（9）针对生产工作情况、季节特点、设备状况，分析安全生产动态，制订安全生产各种措施、建议、要求。

（10）组织安全和技术知识的培训，开展技术技能练兵比武。

（四）反习惯性违章活动

根据事故统计分析，90% 的事故是由于直接违章所造成的，尤其突出的是，这些违章大都是频发性或重复性的出现。消除习惯性违章行为，对确保安全生产有重大的作用。

1. 什么是习惯性违章

习惯性违章是指固守旧有的不良作业传统和工作习惯，工作中违反有关规章制度，违反操作规程、操作方法的行为。

有些班组开展反习惯性违章活动多年，但只是把它作为一种口号性的号召，对于岗位工人来说，还是不清楚何为习惯性违章，原来怎样操作还是怎样操作，没有一丝改变。久而久之，习惯性违章就成了生产中最大的安全隐患。另外，习惯性违章行为有的容易界定，有的则深藏不露，极不容易判别，直到发生了事故，才分析出这是习惯性违章。职工们就纳闷，每周、每月的安全检查为什么不说这是习惯性违章呢？因此，要深入到每一个岗位，让职工真正明白操作中哪些行为属于习惯性违章。

2. 习惯性违章的种类

习惯性违章按其性质分为以下三类。

（1）行为违章。

职工工作中的行为违反规章制度或其他有关规定，称行为违章。如进入生产场所不戴或未戴好安全帽、高处作业不系安全带；操作前不认真核对设备的名称、编号和应处的位置，操作后不仔细检查设备状态、仪表指示；未得到工作负责人许可工作的命令就擅自工作；热力设备检修时不泄压、转动设备检修时不按规定挂警告牌等。

（2）装置违章。

设备、设施、现场作业条件不符合安全规程和其他有关规定，称装置违章。如厂区道路、厂房通道无标示牌、警告牌，设备无标示牌，井、坑、孔、洞的盖板、围栏、遮栏没有或不齐全，电缆不封堵，照明不符合要求，转动机械没有防护罩等。

（3）指挥违章。

指挥违章是指工作负责人，违反劳动安全卫生法规，安全操作规程，安全管理制度，以及为保证人身、设备安全而制定的安全组织措施和安全技术措施所进行的违章指挥行为。

统计表明，习惯性违章作业、违章指挥是造成人身伤亡事故和误操作事故的主要原因。企业安全生产的基点在班组，因此夯实班组安全工作的基础，必须加大反习惯性违章工作的力度。

3. 造成违章作业原因

违章现象在日常工作中的表现是无组织无纪律，其思想根源是主客观相脱离。

（1）主观心理因素。

1）因循守旧，麻痹侥幸。有些职工的口头禅是"过去多少年都是这样干的，也没出事，现在按条条框框干太麻烦，不习惯"，因此，就很容易习惯成自然，下意识地仍按老的操作经验和方法操作，不自觉地违反了操作规程。还有些职工不接受"不怕一万，就怕万一"的经验教训，认为偶尔违章不会产生什么后果，往往"领导在时我注意，领导不在我随意"，或者看到别人这么做而没有出事，因而就随大流，无视警告，无视有关的操作规程。

2）马虎敷衍，贪图省事。有的职工工作不精心，我行我素，将岗位安全注意事项、操作规程抛在脑后，把领导和同事的忠告、提醒当作"耳旁风"。还有的职工不愿多出力，耍小聪明，总想走捷径，操作时投机取巧，图一时方便。尝到甜头后，就会长此以往，重复照干，形成习惯性违章。

3）自我表现，逞能好强。个别职工总认为自己"有一手"，喜欢在别人面前"露一手"，表现一下自己的"能力"。特别是一些青年职工，在争强好胜心理支配下，头脑发热，干出一些冒险的事情。

4）玩世不恭，逆反心理。个别职工对领导的说服教育或企业安全管理的措施方法等产生逆反心理，出现对抗情绪，偏偏去做那些不该做的事情。

（2）客观因素。

1）操作技能不熟练。由于培训教育不够，操作者没有掌握正确的操作程序，对设备性能、状况、操作规程不熟悉，不能根据指示仪器仪表所反映的信息对设备运行状况进行调整。

2）制度不完善。作业标准和规章制度不完善，使职工无章可循，无法可依。

3）安全监督不够。对一些习惯性违章现象熟视无睹，对一些严重违章现象存在漏查或查处力度不够的情况，特别是在生产任务重时间紧的情况下，一味强调按时完成生产任务，从而使部分职工滋生了忽视安全的习惯和心态。

4. 班组如何开展反习惯性违章活动

反习惯性违章活动的主要目的是杜绝人身死亡、重伤和错误操作事故的发生，大幅度地减少轻伤事故。要从挖掘不安全的苗头着手，抓异常、抓未遂。对操作班组而言，重点是防止机械卷轧、灼伤、高处坠落、触电误操作事故和厂内机动车交通事故。

（1）引导职工认识习惯性违章的危害。

习惯性违章是表面现象，支配它的思想根源是多种多样的。如麻痹思想，重视一般情况，而忽视特殊情况。如安全规程规定，停电作业时，必须先验电，后作业，而有的职工则认为这是多此一举。一般停电情况下，作业对象是不会带电的，但如果由于种种原因未及时拉闸，一旦突然来电，后果将不堪设想。另一种思想是怕麻烦，图省事，把本应该履行的程序减掉。如巡回检查，不按规定的检查线路和项目进行，走马观花。在反习惯性违章活动中，只有让职工从以往的事故教训中深刻认识习惯性违章的危害和后果，根除习惯性违章的思想根源，才能促使其自觉的遵章守纪。

（2）排查习惯性违章行为，制订反习惯性违章措施。

首先，对本班组存在的习惯性违章行为进行认真细致排查。要防止出现走过场、应付上级检查的情况。例如某企业一些班组，墙上贴着企业发布的习惯性违章行为的警示，但由于这些班组没有认真结合自身的问题进行排查；有的成员甚至不知道哪些行为属于习惯性违章。其次，要吸取其他企业、其他班组的事故教训，举一反三，排查本班组有无类似习惯性违章现象。在此基础上，制订出有效的反习惯性违章措施。

（3）班组长起好模范带头作用。

由于习惯性违章是根深蒂固的，某些职工甚至没有意识到其错误所在，因此纠正起来有一定的难度，这就要求班组长首先带头纠正自己的违章行为。随着机械化程度的提高，生产规模的扩大，一个不负责任的行为往往会造成整个生产线的瘫痪及人身伤亡事故，其后果十分严重。因此，班组长在日常工作中不仅要经常进行劳动安全卫生方面的宣传教育，发现习惯性违章或不按规章制度办事的行为，立即指出、责令其改正，而且还应当以身作则，如果班组长不能照章办事，甚至参与违章，很难设想去批评指正他人，怎能被别人接受？所以一个班组习惯性违章屡禁不止，班组长有不可推卸的责任。

（4）加强对习惯性违章的处罚，引进纠正习惯性违章的激励机制。

习惯性违章是屡教不改、屡禁不止的行为，它与偶尔发生的违章行为是不同的。对屡禁屡犯者，应该"小题大做"，从重处罚。安全生产的经验说明，安全工作中"严"是爱，"松"是害。

《劳动法》《安全生产法》及其他有关安全生产的法律法规，都制定了对事故责任单位和个人处罚的条款，通过惩处责任人起到警示、教育广大职工群众的作用。同时，必要的处罚是保障安全规章制度实施，建立安全生产秩序的重要手段。

一般来说，因严重违章导致事故发生的由厂级有关部门予以行政处理。

班组主要是对一般性违章违纪行为按厂纪厂规给予恰当的经济处分。作为班组长主要应做到两个"百分之百"，即对违章违纪行为百分之百登记并上报，对违章违纪者百分之百按规定进行经济处罚。工作中，要做到公正公开、不偏不袒，即使是生产骨干，也应照章办事。对长期遵章守纪，督促别人纠正习惯性违章，积极消除事故隐患，避免事故发生的班组成员，应提请上级表彰奖励，做到奖罚分明。

5．反习惯性违章活动的注意事项

（1）由于习惯性违章具有顽固性的特点，所以反违章活动是一项长期而艰巨的工作，不可能一蹴而就。只有长抓不懈，才会取得显著的效果。

（2）要根据不同职工的特点，因人施教。习惯性违章大都发生在以下几种人身上：新入厂的职工，由于不知违章作业的危害，往往放松对自己的约束；有一定工作经验的老职工，习惯凭老经验办事；胆大心粗的职工，往往不计后果，不听劝阻；法律观念不强的职工，明知故犯，知错不改。班组长只有针对性地开展工作，才能达到事半功倍的效果。

（3）必须综合治理。开展标准化作业，坚持安全检查，实行安全监护制，采用高科技手段等都有助于预防因习惯性违章而引起的事故。

为了杜绝违章行为，切实做到"反违章人人有责"，在反习惯性违章活动中，每个职工都应做到：明确活动的目的和意义，自觉加入到反违章行列中，重新学习安全规程，从正反两面典型事例中吸取经验教训，提高自己的安全意识和防护能力；当别人制止自己的违章行为时，应该虚心接受，当发现别人有违章行为时，要大胆劝阻并制止。

二、岗位安全职责

1．班（值）组长的安全职责

（1）班（值）长是本班（值）组安全第一责任人，对本班（值）

组在生产作业过程中的安全和健康负责，把保证人身安全和控制电网、设备异常事件作为安全目标，组织全班人员开展设备运行安全分析、预测，做到及时发现异常并进行安全控制。

（2）认真执行安全生产规章制度和操作规程，及时对现场规程提出修改建议；做好各项工作任务（倒闸操作、检修、试验、施工、事故应急处理等）的事先"两交底"（即技术交底和安全措施交底）工作，有序组织各项生产活动；遵守劳动纪律，不违章指挥、不强令作业人员冒险作业。

（3）负责组织现场勘查、编制重大（或复杂）作业项目的安全技术措施，履行到位监督职责或到现场指挥作业，及时纠正或制止各类违章行为。

（4）及时传达上级有关安全工作的文件、通知、事故通报等，组织开展安全事故警示教育活动，做好安全事故防范措施的落实，防止同类事故重复发生。规范应用风险辨识、承载力分析等风险管控措施，实施标准化作业，对生产现场安全措施的合理性、可靠性、完整性负责。

（5）对班（值）组全体人员进行经常性的安全思想教育；协助做好岗位安全技术培训以及新入职人员、调换岗位人员的安全培训考试；组织全班人员参加紧急救护法的培训，做到全员正确掌握救护方法。

（6）经常检查本班（值）组工作场所的工作环境、安全设施（如消防器材、警示标志、通风装置、氧量检测装置、遮栏等）、设备工器具（如绝缘工器具、施工机具、压力容器等）的安全状况，定期开展检查、试验，对发现的问题做到及时登记上报和处理。对本班（值）组人员正确使用劳动防护用品进行监督检查。

（7）负责主持召开班前、班后会和每周一次（或每个轮值）的班（值）组安全日活动，丰富活动内容，增强活动针对性和时效性，并指导做好安全活动记录。

（8）开展定期安全检查、隐患排查、"安全生产月"和专项安全检查活动，及时汇总反馈检查情况，落实上级下达的各项反事故技术措施。

（9）严格执行电力安全事故报告制度，及时汇报安全事故，保证汇报内容准确、完整，做好事故现场保护，配合开展事故调查工作。

（10）支持班（值）组安全员履行岗位职责。对本班（值）组发生的事故、异常、违章等，及时登记上报，并组织开展原因分析，总结教训，落实改进措施。

2. 班（值）组安全员的安全职责

（1）班（值）组安全员是本班（值）组长在安全生产管理工作上的助手，负责监督检查现场安全措施是否正确完备、个人安全劳动防护措施是否得当，积极与违章现象做斗争，杜绝各类违章现象；遵守劳动纪律，不违章指挥、不强令作业人员冒险作业。

（2）负责贯彻执行上级及本单位安全管理规章制度、电网调度管理条例、规程及运行、检修规程等，教育本班（值）组人员严格执行，做好人身、电网、设备安全事件防范工作。

（3）负责制定本班（值）组年度安全培训计划，做好新入厂人员、变换岗位人员的安全教育培训和考试；培训班（值）组人员正确使用劳动保护用品和安全设施。

（4）组织或参加周安全日活动，对本班（值）组安全生产情况进行总结、分析，开展员工安全思想教育，联系实际，布置当前安全生产重点工作，批评忽视安全、违章作业等不良现象，并做好记录。

（5）负责本班（值）组安全工器具的保管、定期校验，确保安全防护用品及安全工器具处完好状态。组织开展安全设施和设备（如安全工器具、安全警示标志牌、剩余电流动作保护器等）、作业工器具、消防器材等的安全检查，并做好记录。组织开展安全大检查、专项安全检查、隐患排查和安全性评价工作，及时汇报、处理有关问题。

（6）参与班（值）组所承担基建、大修、技改等重点工作的"三大措施"的制订，做好对重点、特殊工作的危险点分析。制定本班（值）组保证安全的技术措施，为安全生产提供技术保证。

（7）按时上报本班安全活动总结、各类安全检查总结、安全情况分析等资料，负责本班（值）组"两票"的检查、统计、分析和上报工作。

（8）参加安全网会议或有关安全事故分析会，协助开展事故调查工作。

3. 班（值）组员工的安全职责

（1）认真学习安全生产知识，提高安全生产意识，增强自我保护能力；接受相应的安全生产教育和岗位技能培训，掌握必要的专业安全知识和操作技能；积极开展设备改造和技术创新，不断改善作业环境和劳动条件。

（2）严格遵守安全规章制度、操作规程和劳动纪律，服从管理，坚守岗位，对自己在工作中的行为负责，履行工作安全责任，互相关心工作安全，不违章作业。

（3）接受工作任务，应熟悉工作内容、工作流程，掌握安全措施，明确工作中的危险点，并履行安全确认手续；严格执行"两票三制"并规范开展作业活动。

（4）保证工作场所、设备（设施）、工器具的安全整洁，不随意拆除安全防护装置，正确操作机械和设备，正确佩戴和使用劳动防护用品。

（5）有权拒绝违章指挥，发现异常情况及时处理和报告。在发现直接危及人身、电网和设备安全的紧急情况时，有权停止作业或在采取可能的紧急措施后撤离作业场所，并立即报告。

（6）积极参加各项安全生产活动，做好安全生产工作。

三、生产现场一般安全管理规定

（1）参加本企业生产的职工应热爱本职工作，努力学习，提高政治、文化、业务水平和操作技能，积极参加安全生产的各种活动，提出改进安全工作的意见，搞好安全生产。

（2）劳动纪律。服从领导和安全检查人员的指挥，工作时思想集中，坚守岗位，未经许可不得从事非本工种作业；严禁酒后上班。

（3）参加施工的工人要熟知本工种的安全技术操作规程，并应严格执行操作规程（包括安全质量的技术操作规程），不得违章指挥和违章作业，对违章指挥的指令有权拒绝，并有责任制止他人违章作业。

（4）听从班组长和现场施工人员的指挥，服从分配，团结一致，共同完成好生产任务。

（5）特种工人（如电工、焊工、起重机司机等）必须经过专门训练，考试合格取得资格证书，方准上岗独立操作。

（6）正确使用个人防护用品和安全防护措施，进入施工现场，必须戴好安全帽，禁止穿"三鞋"（拖鞋、高跟鞋、硬底鞋）或光脚上班；在没有防护设施的情况下高处、悬崖和陡坡施工时，必须系好安全带；上下交叉作业有危险的出入口要有防护棚或其他隔离设施；距地面 2m 以上作业要有防护栏杆、挡板或安全网。安全帽、安全带、安全网要定期检查，不符合要求的，严禁使用。

（7）施工现场的各种设施、临边防护、安全标志、警示牌、安全操作规程牌等，不得任意拆除或挪动，要移动必须经现场施工负责人同意。

（8）施工现场的洞、坑、沟、升降口、漏斗等危险处，应有防护设施或明显标志。

（9）施工现场要有交通指示标志，交通频繁的交叉路口，应设指挥；危险地区，要悬挂"危险"或"禁止通行"牌，夜间设红灯示警。

（10）施工现场设的交通指示标志，不得随意拆除；场内工作要注意车辆来往及机械吊装。

（11）不得在用工地点开玩笑、打闹以免发生事故。

（12）工作前应检查所要使用的工具是否完好，高处作业所携带工具应放在工具袋内，随用随取。操作前检查操作地点或工作场所是否安全，道路是否畅通，防护措施是否完善。工作完成后应将所使用的工具收好，以免掉落伤人。

（13）遇有恶劣气候，风力在六级以上时，应停止高处露天作业。

（14）暴风雨过后，上岗前要检查操作地点的脚步手架有无变形歪斜。

（15）凡患有高血压症、心脏病、癫痫症以及其他不适于上高处作业的，不得从事高处作业。

（16）在易燃易爆场所工作，严禁明火、吸烟等。

（17）现场材料堆放要整齐、稳固、成堆成垛，搬运材料、半成品等应由上而下逐层搬取，不得由下而上或中间抽取，以免造成倒垛伤人毁物事故。

（18）消防器材、用具、砂袋、消防用水等不得挪作他用或移动。

（19）现场电源开关、电线线路和各种机械设备，非操作人员不得使用；使用手持电动工具，应穿戴好个人防护用品，电源线要架空。

（20）起重机械在工作中，任何人不得从起重臂或吊物下通过。

（21）夜间施工应有足够的灯光，照明灯具应架高使用，室内不低于 2.5m，线路应架空，导线绝缘应良好，灯具不得挂或绑在金属构件上。

四、所从事工种的安全注意事项

（一）高压设备巡检

（1）经本单位批准允许单独巡视高压设备的人员巡视高压设备时，不准进行其他工作，不准移开或越过遮栏。

（2）雷雨天气，需要巡视室外高压设备时，应穿绝缘靴，并不准靠近避雷器和避雷针。

（3）火灾、地震、台风、冰雪、洪水、泥石流、沙尘暴等灾害发生时，如需要对设备进行巡视时，应制定必要的安全措施，得到设备运行单位分管领导批准，并至少两人一组，巡视人员应与派出部门之间保持通信联络。

（4）高压设备发生接地时，室内不准接近故障点 4m 以内，室外不准接近故障点 8m 以内。进入上述范围人员应穿绝缘靴，接触设备的外壳和构架时，应戴绝缘手套。

（5）巡视室内设备，应随手关门。

（6）高压室的钥匙至少应有 3 把，由运行人员负责保管，按值移交。1 把专供紧急时使用，1 把专供运行人员使用，其他可以借给经批准的巡视高压设备人员和经批准的检修、施工队伍的工作负责人使用，但应登记签名，巡视或当日工作结束后交还。

（二）电气作业的安全要求

（1）电工安全专用工具的绝缘性能、机械强度、材料结构和尺寸应符合规定，妥善保管，严禁他用，并应定期检查，校验。工作前应详细检查自己所用工具是否安全可靠，穿戴好必需的防护用品，以防工作时发生意外。

（2）在施工现场施工必须有两人以上方可作业。电气操作人员应思想集中，电器线路在未经测电笔确定无电前，应一律视为"有电"，不可用手触摸，不可绝对相信绝缘体，应认为有电操作。

（3）使用各类电动工具，应符合 GB/T 3787《手持式电动工具的管理、使用、检查和维修安全技术规程》和中小型施工机具的规定。

（4）线路上禁止带负荷接电或断电，禁止带电作业。维修线路要采取必要的措施，在开关把手上或线路上悬挂"有人工作、禁止合闸"的警告牌，防止他人中途送电。

（5）使用测电笔时要注意测试电压范围，禁止超出范围使用，电工人员一般使用的电笔，只许在 500V 以下电压使用。

（6）工作中所有拆除的电线要处理好，带电线头包好，以防发生触电。

（7）工作完毕后，必须拆除临时地线，并检查是否有工具等物漏忘在检修场所。检查完工后，送电前必须认真检查，看是否合乎要求并和有关人员联系好，方能送电。

（8）工作结束后，必须全部工作人员撤离工作地段，拆除警告牌，所有材料、工具、仪表等随之撤离，原有防护装置随时安装好。

（9）多台配电箱（盘）安装时，手指不得放在两盘的接合处，也不得触摸连接螺孔。

（10）有人触电，立即切断电源，进行急救，电气着火，应立即将有关电源切断，使用灭火器或干砂灭火。

（11）进行耐压试验设备的金属外壳须接地。被试设备或电缆两端，如不在同一地点，另一端应有人看守或加锁，并对仪表、接线等检查无误，人员撤离后，方可升压。

（12）电气设备或材料作非冲击性试验，升压或降压，均应缓慢进行。因故暂停或试压结束，应先切断电源，安全放电，并将升压设备高压侧短路接地。

（13）电力传动装置系统及高低压各型开关调试时，应将有关的开关手柄取下或锁上，悬挂警示牌，防止误合闸。

（14）用摇表测定绝缘电阻，应防止有人触及正在测定中的线路或设备。测定容性或感性设备、材料后，必须放电。雷电时禁止测定线路绝缘。

（15）电流互感器禁止开路，电压互感器禁止短路和以升压方式运行。电气设备、材料需放电时，应穿戴绝缘防护用品，用绝缘棒安全放电。

（16）现场变配电高压设备，不论带电与否，单人值班不准超越遮栏和从事修理工作。

（17）在高压带电区域内部分停电工作时，人体与带电部分，应保持规定的安全距离，作业时并必须有人监护。

（三）机械作业的安全规定

（1）机械设备应按其技术性能的要求正确使用。缺少安全装置或安全装置已失效的机械设备不得使用。

（2）严禁拆除机械设备的自动控制机构、各种限位器等安全装置，及监测、指示、仪表、警报等自动报警、信号装置。调试和故障的排除应由专业人员负责进行。

（3）新购或经过大修、改装和拆卸后重新安装的机械设备，必须按出厂说明书的要求和相关的技术试验规程的规定进行测试和试运转。

（4）处在运行和运转中的机械严禁对其进行维修、保养或调整作业。

（5）机械设备应定期进行保养，当发现有漏保、失修或超载带病运转等情况时，应停止其使用。

（6）机械设备的操作人员必须身体健康，并经过专业培训考试合格，在取得有关部门颁发的操作证或驾驶执照、特殊工种操作证后，方可独立操作。

（7）作业时，操作人员不得擅自离开工作岗位或将机械交给非本机操作人员操作。严禁无关人员进入作业区和操作室内。工作时，思想要集中，严禁酒后操作。

（8）机械操作人员和配合工作人员，都必须按规定穿戴劳动保护用品，长发不得外露。高处作业必须挂好安全带，不得穿硬底鞋或拖鞋。严禁从高处投掷物件。

（9）机械进入作业地点后，施工技术人员应向机械操作人员进行施工任务及安全技术教导。操作人员应熟悉作业环境和施工条件，听从指挥，遵守现场安全规则。

（10）现场施工负责人应为机械作业提供道路、水电、临时工棚或停机场地等必须的条件，并消除对机械作业有妨碍或不安全的因素。夜间作业必须设置有充足的照明。

（11）在有碍机械安全和人身健康场所作业时，机械设备必须

采取相应的安全措施。操作人员必须配备适用的安全防护用品。

（12）当机械设备发生事故或未遂恶性事故时，必须及时抢救，保护现场，并立即向上级领导报告。事故应按"四不放过"的原则进行处理。

（四）密闭空间作业安全注意事项

进入生产区域内的各类塔、球、釜、槽、罐、炉膛、锅筒、管道、容器以及地下室、阴井、地坑、下水道或其他封闭场所内进行的作业均为设备内作业。

（1）设备上所有与外界连通的管道，采取有效隔离。设备上与外界连接的电源应有效切断，并挂警示牌。

（2）进入设备内作业前，必须对设备内进行清洗和置换，并达到氧含量在 18%～21% 之间；有毒气体浓度、可燃气体浓度、粉尘浓度应符合规定。

（3）进入设备内作业前，应打开所有人孔进行自然通风，必要时可采取机械通风，不准向设备内充氧气或富氧空气。

（4）在进入设备内作业 30 分钟前，要对设备内气体取样分析，经化验分析合格后，方可进入作业。

（5）检修人员在进入罐内作业前要全面进行一次检查，置换分析不合格不进，电源、油、水、气不断不进，安全设施、工具行灯不合格不进。

（6）作业中应加强定时监测，情况异常时应立即停止作业并撤离人员，经作业现场处理后，取样分析合格方可继续作业。

（7）罐内作业可视作业条件采取通风措施，对通风不良及容积较小的设备，要采取间歇作业方式，不得强行连续作业。涂刷具有挥发性溶剂的涂料时，应做连续分析，并采取可靠通风措施。

（8）作业人员离开设备时，应将作业工具带出设备，不准留在设备内。罐内动火作业，如作业人员离开时，不得把乙炔焊枪放在罐内，以防乙炔泄漏。

（9）作业因故中断30分钟或安全条件有变时，需继续进入罐内作业，应重新进行气体化验分析，分析合格后方进入。

（10）在缺氧、有毒环境中作业时，应佩戴隔离式防毒面具；在易燃易爆环境中，应使用防爆型低压灯具及不发生火花的工具，不准穿戴化纤织物；在酸碱等腐蚀性环境中，应穿戴好防腐蚀护具。

（11）设备内作业时，照明器具的电压应小于36V，在潮湿容器、狭小容器内作业应小于等于12V；使用超过安全电压的手持电动工具，必须按规定配备漏电保护器，临时用电线路装置，应按规定架设和拆除，线路绝缘保证良好。

（12）多工种、多层交叉作业时，应采取互相之间避免伤害的防护措施。

（13）设备内作业，应按深度搭设安全梯及架台，并配备救护绳索，以保证应急撤离要求。作业过程中，严禁内外抛掷材料、工具等物品，以保证安全作业。

（14）设备外应备有空气呼吸器（氧气呼吸器）、消防器材和清水等相应的急救用品。

（15）设备内作业必须有专人监护，监护人员不得脱离现场。进入设备前，监护人应会同作业人员检查安全措施，统一联系信号。

（16）重要危险性作业，除检修单位指定专人监护外，安全技术部门也要到现场检查，并根据具体情况增设监护人员，随时与设备内取得联系。

（17）设备内事故抢救时，抢救人员必须做好自身防护方能进入设备内实施抢救。

（18）作业竣工时，检修人员和监护人员应共同认真检查设备内外，在确认所有人员退出设备后，检修人员方可封闭设备。

（五）动火作业安全规定

（1）动火作业必须办理动火工作票。

（2）凡盛有或盛过化学危险物品的容器、设备、管道等生产、储存装置，必须在动火作业前进行清洗置换，经分析合格后，方可动火作业。

（3）高处进行动火作业，其下部地面如有可燃物、空洞、阴井、地沟、水封等，应检查分析，并采取措施，以防火花溅落引起火灾爆炸事故。

（4）拆除管线的动火作业，必须先查明其内部介质及其走向，并制订相应的安全防火措施；在地面进行动火作业，周围有可燃物，应采取防火措施。动火点附近如有阴井、地沟、水封等应进行检查、分析，并根据现场的具体情况采取相应的安全防火措施。

（5）在生产、使用、储存氧气的设备上进行动火作业，其氧含量不得超过 20%。

（6）五级风以上（含五级风）天气，禁止露天动火作业。因生产需要确需动火作业时，动火作业应升级管理。

（7）动火作业应有专人监火，动火作业前应清除动火现场及周围的易燃物品，或采取其他有效的安全防火措施，配备足够适用的消防器材。

（8）动火作业前，应检查电、气焊工具，保证安全可靠，不准

带故障使用。

（9）使用气焊割动火作业时，氧气瓶与乙炔气瓶间距不小于5m，二者与动火作业地点均不小于10m，并不准在烈日下曝晒。

（10）凡在有可燃物或难燃物构件的凉水塔、脱气塔、水洗塔等内部进行动火作业时，必须采取防火隔绝措施，以防火花溅落引起火灾。

（11）动火作业完毕，应清理现场，确认无残留火种后，方可离开。

（六）高处作业的安全规定

（1）高处作业人员必须着装整齐，根据实际需要配备安全帽、安全带和有关劳动保护用品；不准穿高跟鞋、拖鞋或赤脚作业；如果是悬空高处作业要穿软底防滑鞋。不准攀爬脚手架或吊篮上下，工具应随手放工具袋。

（2）高处作业人员的身体条件要符合安全要求。如，不准患有高血压病、心脏病、贫血、癫痫病等不适合高处作业的人员，从事高处作业；对疲劳过度、精神不振和思想情绪低落人员要停止高处作业；严禁酒后从事高处作业。

（3）高处作业要按规定要求支搭各种脚手架，人员应从规定的通道上下，严禁攀登脚手架杆或利用绳索上下，也不得攀登起重臂或随同运料的吊篮上下。

（4）高处作业人员严禁相互打闹，以免失足发生坠落事故，在高处或脚手架上行走，不要东张西望；在休息进不要将身体靠在栏杆上，更不要坐在栏直上休息，不准在脚手架上午休。

（5）在进行攀登作业是攀登用具结构必须牢固可靠，使用必须正确。

（6）各类手持机具使用前应检查，确保安全牢靠。洞口临边作业应防止物体坠落。

（7）进行悬空作业时，应牢靠的立足点并正确系挂安全带，安全带的质量必须达到以使用安全要求，并要做到高挂低用；现场应视具体情况配置防护栏网、栏杆或其他安全设施。

（8）高处作业时，所有物料应堆放平稳，不可放置在临边或洞口附近，并不可妨碍通行。

（9）钢架板在使用前应检查有无断裂或缺小拼板，竹木跳板使用前要检查有无腐烂、断裂。

（10）脚手架、脚手架、的防护栏杆、连墙点、剪刀撑以及其他防护设施，未经施工负责人同意，不得私自拆除、移动。如因施工需要必须经施工负责人的批准方可拆除或移动，并采取补救措施，施工完毕或停歇时要立即恢复原状。

（11）高处拆除作业时，对拆卸下的物料、建筑垃圾都要加以清理、及时运走，不得在走道上任意乱置或向下丢充弃，保持作业走道畅通。

（12）高处作业时，不准往下或向上乱抛材料和工具等物件。

（13）各施工作业场所内，凡有坠落可能的任何物料，都应先行撤除或加以固定，拆卸作为末在设有禁区、有人监护的条件下进行。

（14）不准在六级强风或大雨、雪、雾天气从事露天高处作业。另外，还必须做好高处作业过程中的安全检查，如发现人的异常行为、物的异常状态，要及时加以排除，使之达到安全要求，从而控制高处坠落事故发生。

（七）SF_6 设备上作业

（1）装有 SF_6 设备的配电装置室和 SF_6 气体实验室，应装设强力通风装置，风口应设置在室内底部，排风口不应朝向居民住宅或行人。

（2）在室内，设备充装 SF_6 气体时，周围环境相对湿度应不大于 80%，同时应开启通风系统，并避免 SF_6 气体泄漏到工作区。工作区空气中 SF_6 气体含量不得超过 1000μL/L。

（3）主控制室与 SF_6 配电装置室间要采取气密性隔离措施。SF_6 配电装置室与其下方电缆层、电缆隧道相通的孔洞都应封堵。SF_6 配电装置室及下方电缆层隧道的门上，应设置"注意通风"的标志。

（4）SF_6 配电装置室、电缆层（隧道）的排风机电源开关应设置在门外。

（5）在 SF_6 配电装置室低位区应安装能报警的氧量仪或 SF_6 气体泄漏报警仪，在工作人员入口处也要装设显示器。这些仪器应定期试验，保证完好。

（6）工作人员进入 SF_6 配电装置室，入口处若无 SF_6 气体含量显示器，应先通风 15 分钟，并用检漏仪测量 SF_6 气体含量合格。尽量避免一人进入 SF_6 配电装置室进行巡视，不准一人进入从事检修工作。

（7）工作人员不准在 SF_6 设备防爆膜附近停留。若在巡视中发现异常情况，应立即报告，查明原因，采取有效措施进行处理。

（8）进入 SF_6 配电装置低位区或电缆沟进行工作，应先检测含氧量（不低于 18%）和 SF_6 气体含量是否合格。

（9）在打开的 SF_6 电气设备上工作的人员，应经专门的安全技术知识培训，配置和使用必要的安全防护用具。

（10）设备解体检修前，应对 SF_6 气体进行检验。根据有毒气体的含量，采取安全防护措施。检修人员需穿着防护服并根据需要佩戴防毒面具。打开设备封盖后，现场所有人员应暂离现场30分钟。取出吸附剂和清除粉尘时，检修人员应戴防毒面具和防护手套。

（11）设备内的 SF_6 气体不得向大气排放，应采取净化装置回收，经处理合格后方准使用。回收时作业人员应站在上风侧。设备抽真空后，用高纯度氮气冲洗3次。将清出的吸附剂、金属粉末等废物放入20%氢氧化钠水溶液中浸泡12小时后深埋。

（12）从 SF_6 气体钢瓶引出气体时，应使用减压阀降压。当瓶内压力降至 $9.8 \times 10^4 Pa$（1个标准大气压）时，即停止引出气体，并关紧气瓶阀门，戴上瓶帽。

（13）SF_6 配电装置发生大量泄漏等紧急情况时，人员应迅速撤出现场，开启所有排风机进行排风。未佩戴隔离式防毒面具人员禁止入内。只有经过充分的自然排风或恢复排风后，人员才准进入。发生设备防爆膜破裂时，应停电处理，并用汽油或丙酮擦拭干净。

（14）进行气体采样和处理一般渗漏时，要戴防毒面具并进行通风。

（15）SF_6 断路器（开关）进行操作时，禁止检修人员在其外壳上进行工作。

（16）检修结束后，检修人员应洗澡，把用过的工器具、防护用具清洗干净。

（17）SF_6 气瓶应放置在阴凉干燥、通风良好、敞开的专门场所，直立保存，并应远离热源和油污的地方，防潮、防阳光曝晒，并不得有水分或油污粘在阀门上。搬运时，应轻装轻卸。

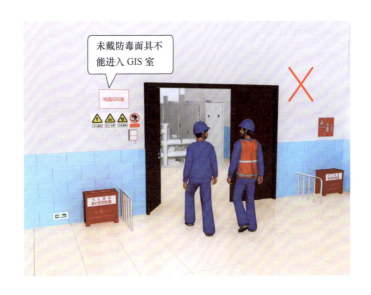

（八）电焊工作业

（1）电焊工必须经过专业培训，经考试合格后方可上岗，非电焊工严禁从事电焊作业。

（2）操作应穿电焊工作服、绝缘鞋、戴电焊手套、防护面罩等安全防护用品。高处作业必须系好安全带。

（3）电焊作业现场周围 10m 不得堆放易燃、易爆物品。

（4）雨、雪、风力六级及六级以上强风天气不得从事室外作业。雨、雪后应清除积水、积雪后方可作业。

（5）操作前应检查焊机和工具，如焊钳和焊接电缆的绝缘、焊机外壳保护接地和焊机各种接线点等，确认安全合格方可作业。

（6）严禁在易燃、易爆气体扩散区域内、运行中的压力管道和装有易燃、易爆物品的容器内受力构件上焊接或切割。

（7）施焊地点潮湿或焊工身体出汗后而使衣服潮湿时，严禁靠在带电钢板或工作件上，焊工应在干燥的绝缘板或胶垫上作业，人员应穿绝缘鞋或站在绝缘板上。

（8）焊接时临时接地线头严禁浮搭，必须固定、压紧，用胶布包严。

（9）改变电焊机接头，改接二次回路，搬运焊机，发生故障检修，更换保险装置，完毕或临时离开现场时应切断电源。

（10）高处作业必须戴好标准防火安全带，并系在可靠的构架上。

（11）必须在作业点下方5m外设置护栏，并专人监护。必须清除作业点下方区域内易燃、易爆物品。

（12）焊接电缆应绑紧在固定处，严禁绕在身上或搭在背上作业。焊工应站在稳固的操作平台上作业，焊机必须放置平稳、牢固，有良好的接地保护装置。

（13）操作时严禁焊钳夹在腋下到搬被焊工件或将焊接电缆挂在脖颈上。

（14）焊接时二次线必须双线到位，严禁借用金属管道、金属脚手架、轨道及结构钢筋作回路地线。焊把线无破损，绝缘良好。焊把线必须加装电焊机触电保护器。

（15）焊接电缆通过道路时，必须架高或采取其他保护措施。

（16）焊把线不得放在电弧附近或炽热的焊缝旁。不得碾轧焊把线。清除焊渣时应佩戴防护眼镜或面罩。

（17）下班必须拉闸断电，并将焊线和地线分开，并确认火已熄灭后方可离开现场。

（九）吊装作业的安全要求

（1）吊装作业人员必须持有特殊工种作业证。

（2）吊装重量大于等于40t的物体和土建工程主体结构，应编制吊装施工方案。吊物虽不足吨重，但形状复杂、刚度小、长径比大、精密贵重，施工条件特殊的情况下，也应编制吊装施工方案。吊装施工方案经施工主管部门和安全技术部门审查，报分管厂长或总工程师批准后方可实施。

（3）各种吊装作业前，应预先在吊装现场设置安全警戒标志并设专人监护，非施工人员禁止入内。

（4）吊装作业中，夜间应有足够的照明，室外作业遇到大雪、暴雨、大雾及六级以上大风时，应停止作业。

（5）吊装作业人员必须佩戴安全帽。

（6）吊装作业前，应对起重吊装设备、钢丝绳、揽风绳、链条、吊钩等各种机具进行检查，必须保证安全可靠，不准带病使用。

（7）吊装作业时，必须分工明确、坚守岗位，统一指挥。

（8）严禁利用管道、管架、电杆、机电设备等做吊装锚点。

（9）吊装作业前必须对各种起重吊装机械的运行部位、安全装置以及吊具、索具进行详细的安全检查，吊装设备的安全装置要灵敏可靠。吊装前必须试吊，确认无误方可作业。

（10）任何人不得随同吊装重物或吊装机械升降。在特殊情况下，必须随之升降的，应采取可靠的安全措施，并经过现场指挥人员批准。

人员不能随同吊装重物升降

（11）吊装作业现场的吊绳索、揽风绳、拖拉绳等要避免同带电线路接触，并保持安全距离。

（12）吊装作业时，必须按规定负荷进行吊装，吊具、索具经计算选择使用，严禁超负荷运行。所吊重物接近或达到额定起重吊装能力时，应检查制动器，用低高度、短行程试吊后，再平稳吊起。

（13）悬吊重物下方严禁站人、通行和工作。

（14）在吊装作业中，有下列情况之一者不准吊装：

1）指挥信号不明或违章指挥不吊；

2）超载或重量不明不吊；

3）起重机超跨度或未按规定打支腿不吊；

4）工件捆绑不牢或捆扎后不稳不吊；

5）吊物上面有人或吊钩直接挂在重物上不吊；

6）钢丝绳严重磨损或出现断股及安全装置不灵不吊；

7）工件埋在地下或冻住不吊；

8）光线阴暗视线不清或遇六级以上强风、大雨、大雾等恶劣天气时不吊；

9）棱角物件无防护措施、长 6m 以上或宽大物件无牵引绳不吊；

10）斜拉工件不吊。

（15）对吊装作业审批手续不全，安全措施不落实，作业环境不符合安全要求的，作业人员有权拒绝作业。

五、事故案例分析

[案例1]　**某水车室管路焊接，检修工作负责人安排未取得资格证的焊工进行焊接工作，触电死亡**

1. 事件经过

××××年7月10日20：00，某水电站2号机组停机后，运行人员检查发现水车室内一处测压管路接头焊口开裂喷水。运行人员紧急排水，检修人员办理完工作许可手续后进行处理。由于工地无持证焊工，又处于迎峰度夏关键时刻，于是检修工作负责人张某便让学过焊工未取证的李某进行焊接工作。李某焊接时，因操作不慎触电身亡。

2. 原因分析

（1）检修工作负责人安排未取得资格证的李某进行焊接工作，违反《安规》"作业人员的基本条件：特种作业人员应持证上岗"的规定。

（2）工作票签发人未确认所派工作班成员应适当，违反《安规》"工作票签发人：确认所派工作负责人和工作班成员适当和充足。"

（3）李某未取证，在检修工作负责人要求其进行焊接时未正确拒绝，违反《安规》"……各类作业人员有权拒绝违章指挥和强令冒险作业；……"的规定。

[案例2] **某机组检修调试过程中，未办理消缺工作票，消缺工作后旧探头遗忘在风洞内**

1. 事件经过

某电站1号机组A级检修进入调试阶段，调试工作负责人办理了一张调试工作票。调试过程中发现风洞内发电机顶部一测风温信号异常，经分析判定为探头损坏，调试工作负责人立即通知配合调试的检修人员进行更换。检修人员一行3人未办理工作票，直接到现场打开盖板，拿着工具箱进入风洞进行更换。期间调试工作负责人到现场，并提醒不要将东西落在里面。半小时后更换完毕，信号正常，盖板恢复。就在调试准备继续进行时，检修人员在清点工器具时，突然想起更换下来的旧探头没有拿出，立即通知试验负责人停止调试。

2. 原因分析

（1）调试过程中，消缺未办理工作票，属违章作业，调试工作票不能替代消缺工作票，违反《安规》"热工元器件的检修维护应办理工作票手续"的规定。

（2）进入风洞内作业未严格执行登记制度，违反《安规》"进入内部工作的人员及其所携带的工具、材料等应登记，工作结束时要清点，不可遗漏"的规定。

（3）调试工作负责人对消缺工作未办理工作票未提醒和制止，对进入风洞内的作业不进行登记等严重的违章行为未进行制止和纠正，没有尽到调试工作负责人的职责，违反《安规》"任何人发现有违反本部分的情况，应立即制止，经纠正后才能恢复作业。各类作业人员有权拒绝违章指挥和强令冒险作业；在发现直接危及人身、电网和设备安全的紧急情况时，有权停止作业或者在采取可能的紧急措施后撤离作业场所，并立即报告"的规定。

（4）作业完毕后未清理现场，有遗留物，违反《安规》"全部工作完毕，工作班应清扫、整理现场"的规定。

［案例3］ **某脚手架拆除作业时，工作人员未按规定系安全带，导致受伤**

1. 事件经过

某施工现场水工人员张某在1号机组压力钢管处拆除脚手架工作时，因未系安全带，在沿脚手杆向下攀爬时右小腿无意中碰到脚手架上，造成右小腿膝下约10cm处胫骨骨折。

2．原因分析

（1）张某在脚手架上作业时，未按规定系挂安全带，违反《安规》"高处作业人员在作业过程中，应随时检查安全带是否拴牢……"的规定。

（2）张某在下脚手架时，未从梯子或上下通道上下，违反《安规》"上下脚手架应走斜道或梯子，作业人员不得沿脚手杆或栏杆等攀爬"的规定。

[案例 4] 某供电公司变电检修工区工作人员进行高处作业时，未按规定采取任何安全措施，导致高处坠落重伤

1．事件经过

某供电公司变电检修工区高压试验班工作负责人王某带领工作班成员张某、李某在 220kV 某变电站进行 220kV 1 号主变压器高压试验工作。此变压器本体距地面高度 2.8m，220kV 侧套管距地面高度 3.4m。因主变压器本体做试验需要拆除 220kV 侧套管引线，张某在无任何安全措施情况下，独自一人爬上套管去拆除引线接头上的螺丝，当拆到最后一组引线接头时，由于用力过大，脚下打滑，从套管处跌落至地面，造成头部严重脑震荡，左臂粉碎性骨折。

2．原因分析

（1）违反《安规》"凡在坠落高度基准面 2m 及以上的高处进行的作业，都应视作高处作业。"的规定。

（2）违反《安规》"高处作业均应先搭设脚手架、使用高处作

业车、升降平台或采取其他防止坠落措施，方可进行。"的规定。

（3）违反《安规》"在没有脚手架或者在没有栏杆的脚手架上工作，高度超过1.5m时，应使用安全带，或采取其他可靠的安全措施。"的规定。

[案例5] **某地市供电公司对220kV××线路更换电流互感器，因现场照明不足，人员车辆多，现场较为混乱，导致人员坠落电缆沟**

1. 事件经过

某地市供电公司220kV××线路电流互感器发生故障，造成线路停电，因本条线路主供市区110kV变电站，负荷大，停电后造成限电拉路，影响部分工厂、居民用电。公司领导决定连夜立即更换电流互感器。当时天气为大雾，风力7级。变电检修工区因时间紧，没有制定安全措施，只是派专人现场监护。电流互感器更换现场周围有许多电缆沟，部分电缆沟盖板已损坏，由于现场照明不足，人员车辆多，现场较为混乱，有三位工作人员先后掉入电缆沟，将腿撞伤。

2. 原因分析

（1）变电站（生产厂房）内外工作场所的井、坑、孔、洞或沟道，应覆以与地面齐平而坚固的盖板。

（2）高处作业区周围的孔洞、沟道等应设盖板、安全网或围栏并有固定其位置的措施。同时，应设置安全标志，夜间还应设红灯示警。

（3）6级及以上的大风以及暴雨、雷电、冰雹、大雾、沙尘暴等恶劣天气下，应停止露天高处作业。特殊情况下，确需在恶劣天气进行抢修时，应组织人员充分讨论必要的安全措施，经本单位分管生产的领导（总工程师）批准后方可进行。

（4）工作场所的照明，应该保证足够的亮度。